世赛成果转化系列教材

工业产品金属3D打印（SLM）

主　编　曾海波　陈建立
副主编　吴振通　张志坤　林龙德　高艺娜
参　编　陈满鑫　邱威然　陈昭宏　黄庭威
主　审　邱葭菲

机械工业出版社

本书为增材制造技术专业的世赛成果转化系列教材。全书共六个任务，全面介绍了工业产品金属3D打印（SLM）的基本原理与关键技术。本书遵循工学一体化人才培养模式的改革理念，以"能力本位、工作过程导向、项目任务驱动"为原则，通过有层次性的典型学习任务，将世界技能大赛的先进理念、技术标准、评价体系与国内企业的生产组织方式和典型工作任务有机融合。

本书可供职业院校和技工学校增材制造技术专业学生学习和教师教学使用，也可供企业技术人员、研究人员以及对增材制造技术感兴趣的人士学习相关专业理论与实践操作参考。

本书配有电子课件，使用本书作为教材的教师可登录机械工业出版社教育服务网www.cmpedu.com注册后下载。咨询电话：010-88379534，微信号：jjj88379534，公众号：CMP-DGJN。

图书在版编目（CIP）数据

工业产品金属3D打印：SLM/曾海波，陈建立主编. 北京：机械工业出版社，2025.2. --（世赛成果转化系列教材）. -- ISBN 978-7-111-77316-0

Ⅰ.TB4

中国国家版本馆CIP数据核字第2025G94E47号

机械工业出版社（北京市百万庄大街22号　邮政编码100037）
策划编辑：王晓洁　　　　　　责任编辑：王晓洁　许　爽
责任校对：闫玥红　李　杉　　封面设计：马精明
责任印制：单爱军
北京虎彩文化传播有限公司印刷
2025年2月第1版第1次印刷
184mm×260mm・7.75印张・202千字
标准书号：ISBN 978-7-111-77316-0
定价：39.80元

电话服务　　　　　　　网络服务
客服电话：010-88361066　机 工 官 网：www.cmpbook.com
　　　　　010-88379833　机 工 官 博：weibo.com/cmp1952
　　　　　010-68326294　金　书　网：www.golden-book.com
封底无防伪标均为盗版　机工教育服务网：www.cmpedu.com

前言
FOREWORD

制造业是国家经济命脉所系，是立国之本、兴国之器、强国之基。党的二十大报告指出，坚持把发展经济的着力点放在实体经济上，推进新型工业化，加快建设制造强国、质量强国、航天强国、交通强国、网络强国、数字中国。

当下，全球制造业正经历前所未有的深刻变革，增材制造技术是其中具有代表性的颠覆性技术。它从根本上改变了传统"制造引导设计、制造性优先设计、经验设计"的设计理念，真正意义上实现了"设计引导制造、功能性优先设计、拓扑优化设计"的转变，为全产业技术创新和发展开辟了巨大空间，成为世界先进国家抢占科技创新与先进制造业发展制高点的竞争焦点之一。

为顺利推动我国制造业转型升级和增材制造产业高质量发展，必须充分发挥人才的支撑与驱动作用，由此需要各级院校持续培养符合产业发展需求的高素质人才。在专业建设过程中，为了有效赋能高素质技能人才培养，编者以全面提升技能人才培养质量为宗旨，转化世界技能大赛先进理念、技术标准和评价体系，融合国内企业的生产组织方式和典型工作任务，遵循工学一体化人才培养模式改革理念，以"能力本位、工作过程导向、项目任务驱动"为原则，开发了系列教材，本书为其中一本。

本书详细介绍了工业产品金属3D打印（SLM）技术，以铂力特BLT-A300+为教、学、做平台，设计了多个典型零件的打印任务，将金属打印机的机械结构、操作系统等基本知识，金属打印机的操作、建模软件的使用及3D打印的关键技能融入其中，此外还介绍了安全与规范操作知识。

为了落实立德树人的根本任务，本书在编写过程中注重素质教育元素的有机融入。通过典型案例、故事等形式，学生在学习专业知识的同时，也能受到素质教育的熏陶，强化素质育人效果。

本书通过典型学习任务，让学生能够在完成任务的过程中，互动式地学习并运用知识，真正实现"做中学、学中做"。本书可作为技工学校、职业院校增材制造相关专业的工学一体化教材，或增材制造技术相关岗位的培训用书，以及相关专业技术人员的自学用书。

本书由曾海波、陈建立任主编并统稿。曾海波编写了任务一，陈建立、张志坤编写了任务二，吴振通编写了任务三，林龙德、高艺娜、黄庭威编写了任务四，陈满鑫编写了任务五，邱威然、陈昭宏编写了任务六。

最后，感谢所有为本书编写付出努力的专家和学者，以及给予帮助和指导的西安铂力特增材技术股份有限公司。同时对本书在编写过程中参考的同类著作作者表示衷心感谢。

因编者水平有限，书中难免存在不足之处，恳请广大读者提出宝贵的意见和建议，共同推动本书的不断完善与推广。

编　者

二维码索引

名称	二维码	页码	名称	二维码	页码
手机支架 STL 模型		3	开瓶器切片处理的过程		29
手机支架生成支撑的过程		5	开瓶器金属 3D 打印成形的过程		35
手机支架切片处理的过程		5	开瓶器去除支撑及表面处理的过程		39
金属 3D 打印机的基本操作步骤		13、35、52、70、87	叶片 STL 模型		46
手机支架金属 3D 打印成形的过程		16	叶片生成支撑的过程		47
手机支架去除支撑的过程		20	叶片切片处理的过程		48
开瓶器 STL 模型		26	叶片金属 3D 打印成形的过程		52
开瓶器生成支撑的过程		28	叶片去除支撑及表面处理的过程		56

二维码索引

（续）

名称	二维码	页码	名称	二维码	页码
活扳手 STL 模型		63	自行车车轮金属 3D 打印成形的过程		88
活扳手生成支撑的过程		64	自行车车轮去除支撑及表面处理的过程		93
活扳手切片处理的过程		65	检查 BLT-A300⁺ 设备的过程		100
活扳手金属 3D 打印成形的过程		70	检查滤芯差压值		104
活扳手去除支撑及表面处理的过程		74	更换 F9 滤芯和 H13 滤芯的操作步骤		105
自行车车轮 STL 模型		82	清理吸粉方管		107
自行车车轮生成支撑的过程		83	检查、清洁水冷机的过程		108
自行车车轮切片处理的过程		84	正确关闭打印设备的过程		109

V

目录 CONTENTS

前言
二维码索引

任务一　手机支架的金属打印 ················ 1
学习活动1　任务准备 ················ 2
学习活动2　手机支架数据处理 ················ 4
学习活动3　手机支架金属3D打印 ················ 10
学习活动4　手机支架后处理 ················ 18
学习活动5　任务评价与总结 ················ 21
工匠精神 ················ 23

任务二　开瓶器的金属打印 ················ 24
学习活动1　任务准备 ················ 25
学习活动2　开瓶器数据处理 ················ 27
学习活动3　开瓶器金属3D打印 ················ 32
学习活动4　开瓶器后处理 ················ 37
学习活动5　任务评价与总结 ················ 40
工匠精神 ················ 42

任务三　叶片的金属打印 ················ 43
学习活动1　任务准备 ················ 44
学习活动2　叶片数据处理 ················ 46
学习活动3　叶片金属3D打印 ················ 50
学习活动4　叶片后处理 ················ 53
学习活动5　任务评价与总结 ················ 57
工匠精神 ················ 59

任务四　活扳手的金属打印 … 61

　　学习活动1　任务准备 … 62
　　学习活动2　活扳手数据处理 … 64
　　学习活动3　活扳手金属3D打印 … 68
　　学习活动4　活扳手后处理 … 72
　　学习活动5　任务评价与总结 … 75
　　工匠精神 … 77

任务五　自行车车轮的金属打印 … 79

　　学习活动1　任务准备 … 80
　　学习活动2　自行车车轮数据处理 … 83
　　学习活动3　自行车车轮金属3D打印 … 85
　　学习活动4　自行车车轮后处理 … 90
　　学习活动5　任务评价与总结 … 94
　　工匠精神 … 96

任务六　金属3D打印机的日常保养 … 97

　　学习活动1　维护与保养的基本原则认知 … 98
　　学习活动2　日常保养及检查 … 99
　　学习活动3　打印开始前的维护检查 … 103
　　学习活动4　打印完成后的维护检查 … 106
　　工匠精神 … 111

附录 … 113

　　附录A　设备日常保养记录卡 … 113
　　附录B　交接班记录表 … 114

参考文献 … 115

任务一

手机支架的金属打印

工作情境描述

公司计划近期出的金属手机支架产品的设计已经进入到了最后的设计阶段，为便于测试产品的性能，公司要求测试部门为其进行三维建模和快速成形。测试部门经研究决定利用选择性激光熔融（SLM）[一]3D打印技术进行快速成形。

学习目标

1. 能够正确填写手机支架金属3D打印生产任务单。
2. 学会查找资料，获取手机支架信息。
3. 掌握金属3D打印的定义。
4. 掌握金属3D打印的特点。
5. 能够使用Magics软件处理数据，添加手机支架支撑。
6. 掌握SLM工艺的成形原理。
7. 能够正确操作金属3D打印设备。
8. 认识金属3D打印常用材料并能进行区分。
9. 在老师指导下能够操作金属3D打印设备打印手机支架。
10. 掌握3D打印产品成形后处理方法。

素养目标

1. 课后观看《大国工匠》系列视频——第一集 大勇不惧，感受工匠胆魄、勇者无惧。同时，通过身边人、身边事的激励，感悟从事该专业必须具备的不怕艰辛、乐于奉献的工匠精神。
2. 在完成手机支架金属3D打印的过程中，提高科学素养、工程意识，培养科学精神、节能环保意识和探索创新精神，积极践行新发展理念。

建议总学时

30学时

[一] 以下简称"SLM"。

学习活动 1　任务准备

学习目标

1. 能够正确填写手机支架金属 3D 打印生产任务单。
2. 团队成员分工合理,并能完成打印任务。
3. 学会查找资料,获取手机支架信息。
4. 掌握金属 3D 打印的概念。
5. 掌握金属 3D 打印的特点。

建议学时

6 学时

学习过程

一、领取生产任务单及团队分工

1. 领取生产任务单,并填写表 1-1。

表 1-1　手机支架金属 3D 打印生产任务单

单号		开单时间		年　　月　　日　　时		
开单部门		开单人		接单人		
以下由开单人填写						
产品名称	手机支架	数量	1	完成工时		30h
材料	AlSi10Mg	客户要求		产品满足性能要求		
任务要求	1. 领取材料 2. 根据现场情况选用合适的工具、量具和防护装备 3. 根据金属 3D 打印工艺进行打印,并交付进行检验 4. 填写生产任务单,清理工作场地,完成工具、量具及设备的维护与保养					
以下由接单人与确认方填写						
操作者检测					(签名) 年　月　日	
班组检测					(签名) 年　月　日	
质检员检测	□合格　　□返修　　□报废				(签名) 年　月　日	

2. 组建团队并进行任务分工，填写表1-2。

表1-2　团队成员及工作任务

团队名称	团队成员	工作任务

二、获取任务信息

1. 通过团队讨论，简述手机支架的信息。

2. 查阅资料，简述金属3D打印的概念。

3. 查阅资料，简述金属3D打印的应用。

三、阅读生产任务单并明确任务内容

1. 填写接收任务单，明确产品材料、数量及完成时间。
产品名称：_____；产品材料：_____；
产品数量：_____；完成时间：_____。
2. 领取手机支架模型（图1-1），通过扫描下方二维码获取手机支架STL模型。

图1-1　手机支架模型

手机支架STL模型

3. 认识手机支架的用途及相关技术要求。
（1）查阅资料，简述手机支架板的用途。

（2）查阅资料，简述手机支架的几种不同形式及相关的技术要求。

任务拓展

根据自己的手机，设计一款外观新颖、大方的金属3D打印手机支架，并说明其设计理念。

学习活动2　手机支架数据处理

学习目标

1. 能够使用Magics软件处理数据，添加支撑。
2. 了解模型摆放角度对支撑工艺的影响。
3. 能够将零件导入到软件中，并添加3D打印平台及使用自动修复功能。
4. 能够使用软件完成零件切片处理。
5. 能够将切片文件导入3D打印机。
养成认真、细致的职业素养和标准意识，做国家标准的践行者。

建议学时

6学时

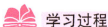
学习过程

一、数据处理软件应用

1. 查阅关于Magics数据处理软件的资料，完成以下内容的填写。

本学习任务中使用的数据处理软件是比利时Materialise公司推出的Magics专业STL文件处理软件。Magics软件一直都是理想的_____、文件解决方案，它为处理平面数据的_____性和_____性确立了标准，它提供_____的、_____的STL文件操作。依靠源源不断的产品创新，在3D打印行业为_____，以及_____做出了巨大贡献。

2.了解模型摆放角度对支撑工艺的影响，完成以下内容的填空。

模型摆放角度在3D打印中对_____的影响至关重要。首先，它影响支撑结构的_____，角度不当可能导致结构不稳，增加模型_____的风险。其次，_____影响支撑设计，不合理的角度会增加结构复杂性和打印难度。此外，它还影响_____，过多的支撑结构会延长_____和成本。因此，在打印过程中，需根据具体情况选择适当的摆放角度，确保_____、优化设计和_____。同时，需不断研究新的_____和技术，以适应更多打印需求和应用场景。

手机支架生成
支撑的过程

手机支架切片
处理的过程

3.根据提供的手机支架的生成支撑过程和切片处理过程的视频，填写表1-3。

表1-3 手机支架的生成支撑过程和切片处理过程

操作步骤	软件界面及说明	备注
1.导入文件	根据上图写出STL文件导入至Magics软件中的步骤：_____	导入方式简单明了
2.检查修复	根据上图写出STL文件导入至Magics软件中的步骤：_____	对导入的STL文件内数据进行修复

（续）

操作步骤	软件界面及说明	备注
3. 创建加工平台	（软件界面截图：文件、工具、修复、纹理、位置、标记、加工准备、生成支撑、分析&；新平台、从设计者视图创建新平台、移动零件到平台、加载零件到视图、复制视图、保存视图/平台、卸载平台；视图/平台） （新机器对话框：选择机器 A300，材料，支撑属性，优质零件配置文件 Materialise SLx Machine，注释 none，平台参数，Material Default，确认 关闭）	加工平台的设置
4. 零件摆放	（零件在加工平台上的摆放图） 生成加工平台，作为_____的零件，手机支架放置在加工平台的_____位置即可，具体的摆放_____和_____会根据零件的结构以及添加支撑的工艺来确定 （零件摆放示意图） 生成支撑前，需要确定零件的_____方向	水平方向

（续）

操作步骤	软件界面及说明	备注
4.零件摆放		竖直方向
	加工方向决定支撑的生成方向，而支撑会对_____带来影响。因此，首先确定的是零件的打印_____	
		倾斜方向
5.生成支撑		竖直方向添加支撑
	手机支架竖直放置，支撑添加在手机支架的底部以及前端内侧，这样设计内部支撑在后处理中不易_____，有_____的风险	

（续）

操作步骤	软件界面及说明	备注
5. 生成支撑	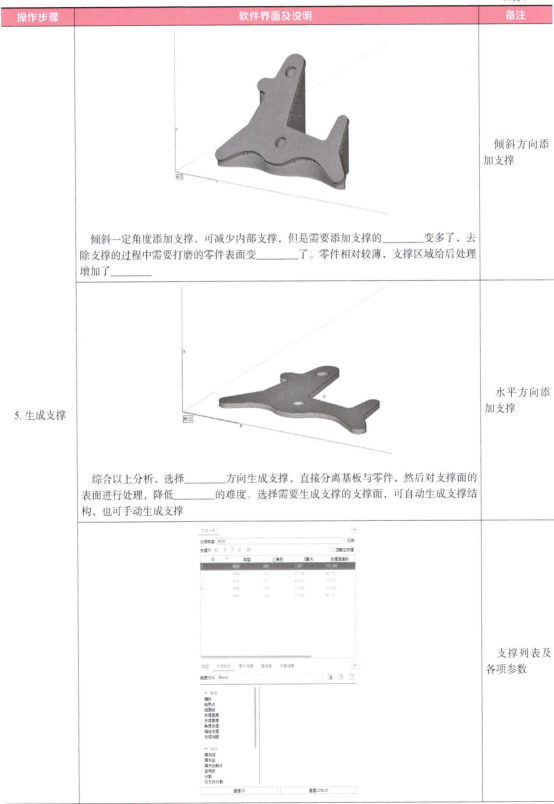 倾斜一定角度添加支撑，可减少内部支撑，但是需要添加支撑的_____变多了，去除支撑的过程中需要打磨的零件表面变_____了。零件相对较薄，支撑区域给后处理增加了_____	倾斜方向添加支撑
	综合以上分析，选择_____方向生成支撑，直接分离基板与零件，然后对支撑面的表面进行处理，降低_____的难度。选择需要生成支撑的支撑面，可自动生成支撑结构，也可手动生成支撑	水平方向添加支撑
		支撑列表及各项参数

（续）

操作步骤	软件界面及说明	备注
5.生成支撑	完成支撑创建后在 Magics 软件中进行预览，观察支撑是否_____，如不合理要删除相关支撑，重新调整零件的摆放方向及角度，然后再次生成支撑并进行预览，直至_____。 Magics 软件有支撑修改、_____、删除及_____等功能，操作者可以根据实际需求和经验对自动生成的支撑进行修改、删除等操作。 支撑结构有_____类支撑、_____类支撑等多种类型，使用者依照实际需求和加工条件选择合适的支撑结构后，要进行保存和输出	支撑列表及各项参数
6.切片处理	配置机器材料的_____包 配置平台的_____ 给零件配置加工策略_____	配置材料参数包 选择同样的材料参数包 配置加工策略

（续）

操作步骤	软件界面及说明	备注
6.切片处理	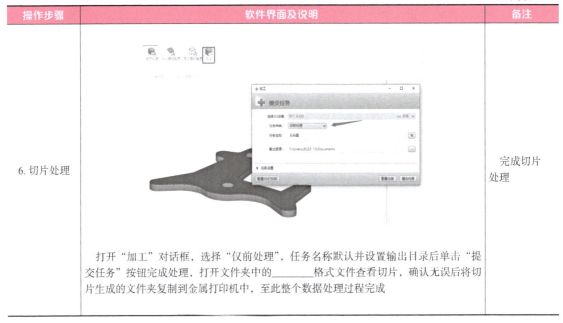 打开"加工"对话框，选择"仅前处理"，任务名称默认并设置输出目录后单击"提交任务"按钮完成处理，打开文件夹中的_____格式文件查看切片，确认无误后将切片生成的文件夹复制到金属打印机中，至此整个数据处理过程完成	完成切片处理

4.查阅资料，了解金属3D打印有几种工艺可供选择，其分别是什么？

二、数据处理

1.手机支架和支撑设计完成后，首先要将_____文件转化成快速成形设备能够运行的数据文件。数模分层处理软件可以看作是数模和快速制造之间的_____，拥有对数据检查、_____、优化和_____处理等功能。数据处理技术对数模进行分层处理，并将其处理成_____文件格式后送入3D打印设备，3D打印设备接收层片文件后即可开始进行_____制造。而_____格式文件几乎是所有的快速成形设备都可以接收的文件格式，以 .stl 为扩展名的3D模型文件已成为打印的标准文件。

2.将连接两块手机支架板的圆轴以及两块手机支架板的 STL 文件传至 Magics 软件中，生成支撑切片后输出 3D 打印程序。

学习活动3　手机支架金属 3D 打印

 学习目标

1.熟悉 SLM 技术的原理。
2.掌握金属 3D 打印机的基本操作。
3.了解归纳金属 3D 打印的材料。

4. 在老师指导下能够操作金属3D打印机打印手机支架。
5. 能够指明金属3D打印机在打印前的操作注意事项。

建议学时

10学时

一、各小组分析、讨论并制订手机支架金属3D打印工艺

根据金属3D打印要求，考虑现场的实际条件，团队成员共同分析、讨论并确定合理的工艺计划，填写手机支架金属3D打印工艺卡，见表1-4。

表1-4 手机支架金属3D打印工艺卡

产品名称	手机支架	材料	AlSi10Mg	图号		产品数量	
工序序号	工序名称			工序内容			操作者

二、制订SLM工艺参数

在进行SLM工艺的设计前，先了解3D打印区域与工作区域的范围和限制，理解企业对环境、安全、卫生和事故预防的标准。

1. SLM打印技术

选择性激光熔化（SLM），是金属材料增材制造中的一种_____途径。该技术选用_____作为能量源，按照_____模型中规划好的路径在金属粉末床层进行逐层扫描，扫描过的金属粉末通过_____、_____从而达到冶金结合的效果，最终获得模型所设计的金属零件。SLM技术克服了传统技术制造具有_____形状的金属零件带来的困扰。它能直接成形出近乎全致密且力学性能良好的金属零件。

2. SLM工艺的成形原理如图1-2所示，在基板上用刮刀铺一层_____，然后用激光束在扫描振镜的控制下按照一定的_____快速照射粉末，使其熔化、凝固，形成_____，然后将基板下降到与_____相同的高度，再铺一层金属粉末进行激光扫描加工，重复这样的过程直至整个零件成形。

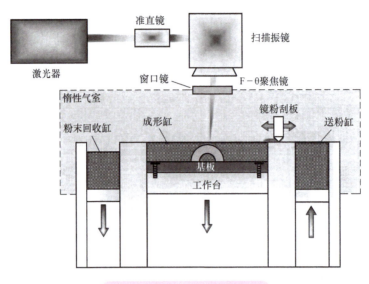

图 1-2　SLM 工艺的成形原理

3. 填写如图 1-3 所示的 SLM 成形设备所支持的材料种类：

SLM 成形设备名称：BLT-A300⁺。

材料支持：_____、_____、_____、_____、_____、_____、_____、_____。

4. 填写表 1-5 中 SLM 成形设备的参数。

表 1-5　SLM 成形设备的参数

案例名称		
成形方式		
成形材料		
成形设备	设备型号	
	成形方向	
	支撑结构和材料	
	成形尺寸	
	激光器功率	
	分层厚度	
	最大扫描速度	
	铺粉机构	
成形设备提供商		

图 1-3　SLM 成形设备

5. 查阅资料，简述SLM工艺的优点和缺点。

三、领取材料、工具、量具及防护装备

1. 领取材料、工具、量具及防护装备，并填写表1-6。

表1-6 领取材料、工具、量具及防护装备表

序号	名称	规格	数量	备注
1				
2				
3				
4				
5				
6				
7				
8				
9				
发放人：		领取人：		年 月 日

2. 金属打印材料按照种类划分，可以分为_____合金、_____合金、镍基合金、_____合金、_____合金、铜合金及贵金属等。_____合金是金属3D打印材料中研究较早、较深入的一类合金，常用的铁基合金有_____、316L（022Cr17Ni12Mo2）不锈钢、_____、H13（4Cr5MoSiV1）模具钢和_____等。铁基合金使用成本较低，硬度_____，韧性_____，具有良好的机械加工性，适合_____。3D打印随形水道模具是铁基合金的典型应用，传统工艺的异形水道难以加工，而3D打印可以控制冷却水道的_____与型腔的_____基本一致，提升温度场的均匀性，有效降低产品_____，并提高_____寿命。钛及钛合金以强度高、_____好、耐腐蚀、_____好等特点，成为医疗器械、化工设备、航空航天及运动器材等领域的理想材料。

四、打印过程

1. 开机准备。
（1）做好开机前的各项常规检查工作。
（2）规范起动机床。
（3）戴好安全护具。

金属3D打印机的基本操作步骤

（4）根据金属 3D 打印机的基本操作步骤，填写表 1-7。

表 1-7　金属 3D 打印机的基本操作步骤

操作步骤	图示
1. 安装基板与锁紧基板螺钉	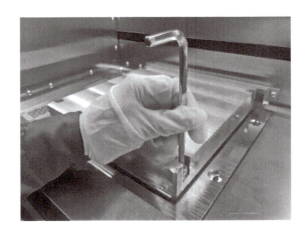
2. 安装_____	
3. 将金属粉末送入粉末仓，并将金属粉末_____	

（续）

操作步骤	图示
4. _____	
5. 安装吸粉方管	
6. 擦拭_____	
7. 洗气	

（续）

操作步骤	图示
8. 传输_____	
9. 开始打印	

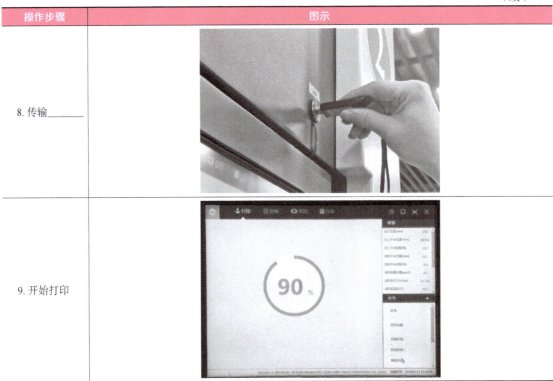

2. 粉末的装入。
简述装填金属粉末的注意事项。

3. 基板的安装。
简述基板的安装步骤。

4. 刮刀的安装。
简述安装刮刀的主要步骤。

5. 手机支架金属 3D 打印成形过程。
金属打印机得到切片数据后，即可开始加工打印，正确填写表 1-8。

手机支架金属 3D
打印成形的过程

任务一　手机支架的金属打印

表 1-8　手机支架金属 3D 打印成形过程

过程说明	图示
1. 将切片数据导入＿＿＿＿＿＿＿金属打印设备，检查切片数据是否有＿＿＿＿＿＿＿以便及时修改 　　确认切片数据正确后，金属打印机即可开始加工打印	
2. 在＿＿＿＿＿＿＿上铺一层金属粉末，设置中开启洗气与＿＿＿＿＿＿＿，单击"开始打印"即可开始加工，设备的系统界面实时反映打印的＿＿＿＿＿＿＿、总加工高度及＿＿＿＿＿＿＿高度、铺粉速度及＿＿＿＿＿＿＿速度等参数，方便操作人员实时监控加工过程。在成形台上，可以清晰地看到＿＿＿＿＿＿＿路线 　　整个手机支架打印成形过程几乎不需要人工操作	
3. 金属粉末经激光束照射烧结固化，层层叠加＿＿＿＿＿＿＿，最终制成手机支架产品	
4. 整个制造过程大约持续 4h，大大节省了制造时间 　　成形之后将＿＿＿＿＿＿＿的金属粉末，将基板从金属打印机上拆下来，转至后处理平台，等待进行将零件和基板＿＿＿＿＿＿＿、去除支撑、＿＿＿＿＿＿＿和打磨等后处理工艺	

工业产品金属3D打印（SLM）

6. 记录打印过程中出现的故障，分析后进行处理，填写表1-9。

表1-9　手机支架金属3D打印过程故障表

序号	层数	原因	解决方案	是否解决问题	备注
1					
2					
3					
4					
5					

五、设备保养及场地清理

打印完毕后，按照车间规定整理现场，清扫洒落的金属粉末，保养设备，并正确处置废粉末等废弃物。按照车间规定填写设备日常保养记录卡（附录A）。

知识拓展

金属3D打印机发展现状

尽管SLM工艺具有潜力，但其仅在少数几个行业中得到了使用，这主要是由于设备和零件的成本高，以及成形后处理要求高导致的。到目前为止，SLM工艺应用最多的行业包括：
- 医学：针对患者的植入物和其他高价值医疗设备组件。
- 汽车：高速原型和定制零件或小批量高价值零件。
- 航空航天：风管及其他零件。
- 工具：生产工具刀片中的保形冷却通道。

SLM工艺是一项先进的技术，具有许多潜在的应用可能。今后随着市场需求的增长，技术的成熟以及材料价格的降低，SLM技术的应用会越来越广泛。

学习活动4　手机支架后处理

学习目标

1. 掌握金属3D打印产品成形后处理的方法。
2. 学会正确佩戴安全防护装备。
3. 能够辨别并正确使用后处理工具。
4. 理解并能够简述后处理过程。
5. 学会使用砂纸打磨抛光零件。

建议学时

6 学时

学习过程

一、安全防护

佩戴好口罩及安全防护装备，填写防护装备名称，见表 1-10。

表 1-10　防护装备

	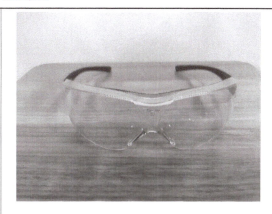

二、领取后处理工具、量具

领取后处理工具、量具，填写表 1-11 中后处理工具的名称。

表 1-11　后处理工具

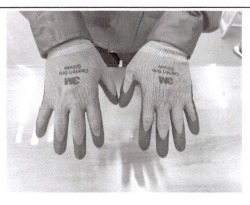	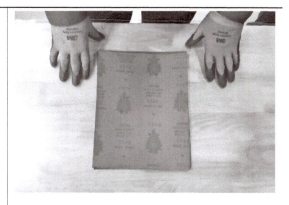

三、后处理过程

得到初步金属 3D 打印成形的产品后，还要对其进行必要的后处理工序才能得到最终的产品。

工业产品金属3D打印（SLM）

1. 在开始操作前，检查是否穿戴好防护用品，对照安全操作规程的相关要求进行检查，并记录检查结果，见表1-12。

表1-12 安全检查表

项目	安全检查内容	学生记录	
安全防护检查	是否按要求穿好工作服，女生需把长发盘起并塞入帽内	□是	□否
	是否按要求穿好劳保鞋	□是	□否
	是否按要求佩戴护目镜	□是	□否
	是否按要求佩戴防尘口罩	□是	□否
	是否把手套、饰品、围巾和领带等物品摘掉了	□是	□否

注：未按要求穿戴劳保用品和安全检查未完成不允许进行加工操作。

2. 查阅资料，根据实际情况简述后处理的工作流程。

手机支架去除支撑的过程

3. 手机支架去除支撑过程见表1-13，在表中填写去除支撑的工具名称。

表1-13 手机支架去除支撑的过程

过程说明	图示
1. 处理支撑时要佩戴_____	
2. 手机支架的支撑是实体支撑，使用_____磨掉支撑	

任务一 手机支架的金属打印

（续）

过程说明	图示
3.去除完成后查看效果	
4.使用效果图	

四、设备保养及场地清理

后处理完毕后，按照车间规定整理现场，清扫洒落的金属粉末，并正确处理打印的支撑等废弃物。按车间规定填写交接班记录表（附录B）。

学习活动5　任务评价与总结

 学习目标

1. 能够正确使用量具进行产品检验。
2. 能够分析支撑工艺的合理性。
3. 能够检验产品表面质量是否达到要求。
4. 按照检验标准检验产品是否满足性能要求，并得到检验正确结果。
5. 能够分析并总结产品不合格的原因。

建议学时

2 学时

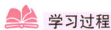

一、领取量具及检验产品

1. 手机支架测量需要使用哪些量具？

2. 按照评分标准检验手机支架是否合格，见表 1-14。

表 1-14　手机支架的评分标准

序号	项目	技术要求	配分	评分标准	自检	互检	教师检验	得分
1	支撑工艺		15	正确的支撑工艺				
2	打印产品		10	能打印完成				
3	结构特征		10	是否保留结构特征				
4	后处理工艺		15	去除支撑完整性				
5	表面质量		15	表面质量的好坏				
6	性能要求		10	产品是否满足性能要求				
7	主观评分		5	产品表面有无缺陷，有一处缺陷扣 1 分				
8			2.5	产品结构完整性				
9			2.5	产品表面粗糙度，有一处不符合要求扣 0.5 分				
10	职业素养		1.5	工具、量具是否分区摆放				
11			1.5	工具摆放整齐、规范、不重叠				
12			1.5	量具摆放整齐、规范、不重叠				
13			1.5	防护装备佩戴规范				
14			1.5	工作服、工作帽、工作鞋穿戴规范				
15			1.5	加工后清理现场，现场是否清洁				
16			1.5	现场表现				
17	更换、添加材料		4.5	是否更换、添加材料	是 / 否			
18	计算机操作			有严重违反工艺的则取消考试资格，其他则视情况酌情扣分 扣分不超过 25 分				
19	总分							

3. 交检验人员验收合格后，填写生产任务单。

二、性能检测

分析不合格产品产生的原因，提出改进意见，填写表 1-15。

表 1-15　不合格产品产生的原因及改进方法

不合格产品	产生原因	改进方法

三、清理现场

1. 清理现场、归置物品。

良好的工作习惯是在工作过程中有意识地养成的，这一点对于具有良好职业素质的高级技能人才而言尤其重要。在每一天的学习实训工作中，如何做好整理工作台，合理放置工具、量具和日常维护与保养设备等工作？

2. 本任务所用量具的日常维护及保养工作分别包括哪些项目？

四、手机支架工作小结

结合手机支架任务的学习及实际操作过程，进行工作总结，并填写在下方空白处。

工匠精神

观看《大国工匠》系列视频——第一集　大勇不惧，感受工匠胆魄、勇者无惧。同时通过身边人、身边事的激励，感悟从事该专业必须具备的不怕艰辛、乐于奉献的工匠精神。

知识拓展

增材制造技术到底是什么？

减材制造（传统制造）和增材制造的概念为：减材制造是一种制造工艺，采用大于成品零件最终尺寸的固体材料块，然后切除材料，直至达到所需的产品形状；增材制造是一种制造过程，是一次操作非常少量的材料，以便连续的材料以正确的形式组合，直接从 CAD 模型中生成所需的零件。这需要对复杂的零件进行二维层的操作，一层一层累积加工而成产品。

任务二

开瓶器的金属打印

 工作情境描述

今接到客户的一个订单，订单内容为设计开瓶器的金属3D打印方案，要求在满足开瓶器力学性能的前提下，达到外观奇特、吸引眼球的效果。现公司经研究决定运用增材制造技术，将客户的开瓶器产品使用金属3D打印机打印样品，通过性能测试再交予客户。

 学习目标

1. 阅读生产任务单，根据生产任务单的内容理解并简述开瓶器金属3D打印的工作任务。
2. 在教师的指导下获取开瓶器信息。
3. 能够使用Magics软件处理数据、添加模型、打印支撑，判断摆放零件的倾斜角度是否合理。
4. 掌握并能够演示导入STL文件的操作步骤。
5. 学习并掌握STL格式文件的特点。
6. 掌握3D打印前处理的操作方法。
7. 能够独立使用金属打印机打印开瓶器。
8. 掌握SLM工艺产品后处理的方法。
9. 能够简述增材制造的发展过程。
10. 能够识别安全标志。
11. 能够区分后处理工具及阐述后处理过程。

 素养目标

1. 课后观看《大国工匠》系列视频——第二集 大术无极，感受工匠非凡的职业绝技。
2. 在完成开瓶器金属3D打印的过程中，培养创新精神、科学精神和科学思想，开拓新方法、新观点。

 建议总学时

30学时

任务二　开瓶器的金属打印

学习活动 1　任务准备

学习目标

1. 阅读生产任务单，理解生产任务单内容并能简述开瓶器金属 3D 打印的工作任务。
2. 能够正确填写生产任务单。
3. 在教师的指导下获取开瓶器信息。
4. 理解开瓶器的用途。
5. 掌握开瓶器的工作原理。

建议学时

6 学时

学习过程

一、领取生产任务单及团队分工

1. 领取生产任务单，并填写表 2-1。

表 2-1　开瓶器金属 3D 打印生产任务单

单号		开单时间		年　　月　　日　　时		
开单部门		开单人		接单人		
以下由开单人填写						
产品名称	开瓶器	数量	1	完成工时		30h
材料	AlSi10Mg	客户要求		产品满足性能要求		
任务要求	1. 领取材料 2. 根据现场情况选用合适的工具、量具和防护装备 3. 根据金属 3D 打印工艺进行打印，并交付进行检验 4. 填写生产任务单，清理工作场地，完成工具、量具及设备的维护与保养					
以下由接单人与确认方填写						
操作者检测				（签名） 年　　月　　日		
班组检测				（签名） 年　　月　　日		
质检员检测	□合格　　□返修　　□报废			（签名） 年　　月　　日		

2. 组建团队并进行任务分工，填写表2-2。

表2-2 团队成员及工作任务

团队名称	团队成员	工作任务

二、获取任务信息

通过团队讨论，简述开瓶器的作用。

三、阅读生产任务单并明确任务内容

1. 填写接收任务单，明确产品材料、数量及完成时间。

产品名称：_____；产品材料：_____；

产品数量：_____；完成时间：_____。

2. 领取开瓶器模型（图2-1），通过扫描二维码获取开瓶器STL模型。

开瓶器 STL 模型

图2-1 开瓶器模型

3. 认识开瓶器用途及相关技术要求。

（1）查阅资料，简述开瓶器的用途。

（2）查阅资料，简述开瓶器的工作原理及相关技术要求。

任务二　开瓶器的金属打印

4. 简述增材制造与减材制造的区别，完成以下内容的填空。

（1）按制造过程的形式分类可将制造过程分为＿＿＿＿＿＿、＿＿＿＿＿＿和＿＿＿＿＿＿三种基本制造工艺，见表2-3。

（2）＿＿＿＿＿＿工艺过程是通过不断增加材料来获得最终形状，增材制造过程的最终产品与最初原材料的质量相当，有时因为熔融凝固过程的化学反应甚至会导致质量增加。

（3）＿＿＿＿＿＿工艺过程是将多余材料去除来获得最终形状，如毛坯通过车床进行车削，得到与图样要求相符的工件。

（4）＿＿＿＿＿＿工艺过程是将材料进行机械挤压或者形状约束来获得实际要求的形状，在加工过程中，并未减少或增加材料用量。

表 2-3　三种基本制造工艺

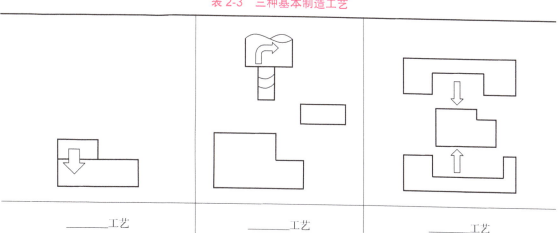

| ＿＿＿工艺 | ＿＿＿工艺 | ＿＿＿工艺 |

任务拓展

本节课程结束后，根据自己的设计思路优化一个外观奇特的金属开瓶器，使其外观设计合理，便于金属3D打印。

学习活动2　开瓶器数据处理

学习目标

1. 能够使用Magics软件处理数据，添加支撑。
2. 能够演示导入STL文件的操作步骤。
3. 能够将零件导入软件中，添加打印平台及使用自动修复功能。
4. 能够使用Magics软件正确判断添加支撑的倾斜角度是否合理。
5. 掌握STL文件格式的特点。

工业产品金属3D打印（SLM）

建议学时

6学时

学习过程

一、数据处理软件应用

1. 查阅关于 Magics 数据处理软件的资料，完成以下内容的填写。

Magics 数据处理软件可以缩小 3D 打印_____和_____之间的鸿沟，使 3D 打印速度大幅加快，尤其是在金属 3D 打印方面。

2. 参照图 2-2 简述开瓶器 STL 文件导入至 Magics 软件中的操作步骤。

开瓶器生成支撑的过程

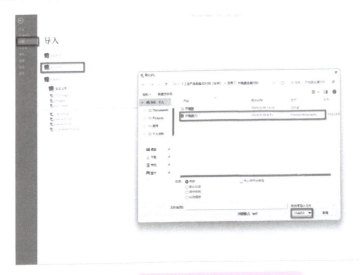

图 2-2　开瓶器 STL 文件导入

3. 参照任务一表 1-3 简述对导入 Magics 软件中的开瓶器 STL 文件进行修复的步骤。
4. 参照任务一表 1-3 简述开瓶器加工平台的设置步骤。
5. 参照图 2-3 简述在开瓶器竖直方向添加支撑的优缺点。

图 2-3　竖直方向添加支撑

6. 参照图 2-4 简述在开瓶器倾斜方向添加支撑的优缺点。

图 2-4　倾斜方向添加支撑

7. 参照图 2-5 简述在开瓶器水平方向添加支撑的优缺点。

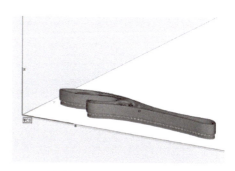

图 2-5　水平方向添加支撑

8. 参照任务一表 1-3 中支撑列表及各项参数简述生成支撑后还需要注意哪些问题？

9. 参照表 2-4 简述对开瓶器进行切片处理过程的 4 个步骤。

开瓶器切片处理的过程

表2-4 开瓶器切片处理过程

步骤	图示
（1）	
（2）	
（3）	
（4）	

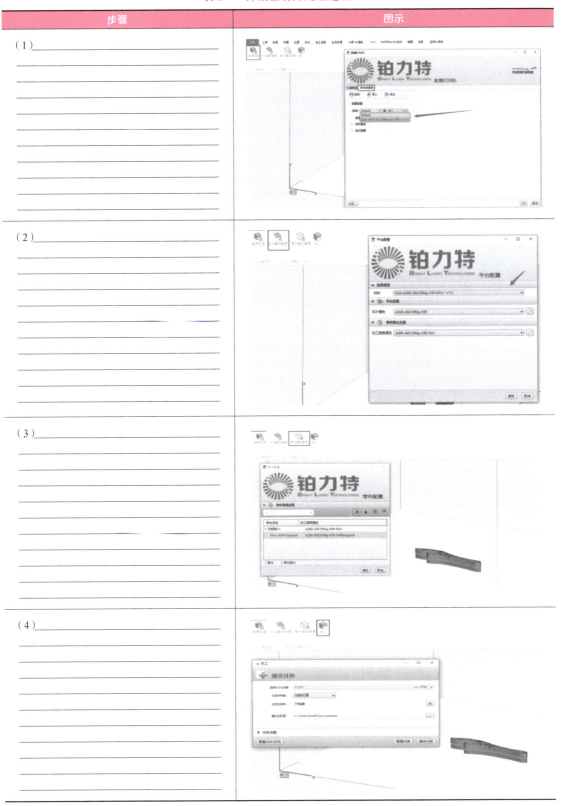

10. 通过团队讨论，在图 2-6 所示的空白处填写出增材制造流程图中缺少的步骤。

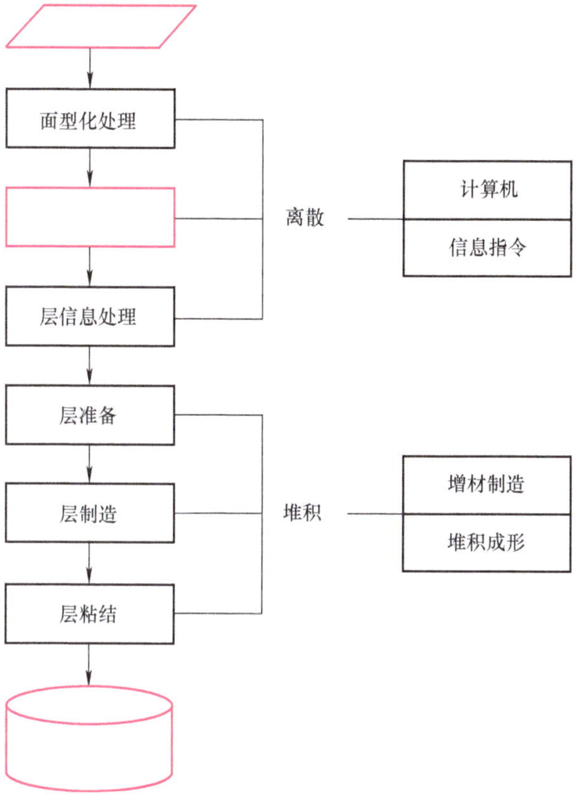

图 2-6　增材制造流程图

二、STL 文件的特点

1. STL 文件格式由_____发明，是 3D 打印机的标准语言。所有的成形机都可以接收 STL 文件进行打印。

2. STL 文件是在计算机图形应用系统中用于表示_____的一种文件格式。

3. STL 文件格式简单，应用广泛。常用的 STL 格式包括_____、_____。

4. STL 文件是_____系统应用较多的标准文件类型。

5. STL 文件是用_____来表现的 3D CAD 模型。

6. STL 文件通常由_____（CAD）程序生成，作为 3D 建模过程的最终产品。

7. _____是 STL 格式文件的扩展名。

8. STL 文件用于存储有关 3D 模型的信息。其仅描述三维对象的表面几何，而不表示_____、_____或其他常见模型属性。

9. STL 文件格式是_____最常用的文件格式。

10. STL 文件格式已被许多 CAD 软件包采用和支持，广泛用于_____、3D 打印和计算机辅助制造。

11. STL 文件设计时的基本思想是使用_____形（也称为小平面）对 3D 模型的二维外表面进行细分，并将关于小平面的信息存储在文件中。

学习活动 3　开瓶器金属 3D 打印

学习目标

1. 查找资料学会识别、使用安全标志。
2. 学会演示金属打印机基本操作。
3. 能够操作金属打印机进行金属 3D 打印。
4. 掌握并能够叙述金属 3D 打印过程。
5. 能够完成开瓶器的金属 3D 打印。

建议学时

10 学时

学习过程

一、制订开瓶器金属 3D 打印工艺

根据金属 3D 打印要求,考虑现场的实际条件,团队成员共同分析、讨论并确定合理的工艺计划,填写手机支架金属 3D 打印工艺卡,见表 2-5。

表 2-5　开瓶器金属 3D 打印工艺卡

产品名称	开瓶器	材料	AlSi10Mg	图号		产品数量	
工序序号	工序名称	工序内容					操作者

二、熟悉工作环境

了解 3D 打印区域与工作区域的范围和限制,理解企业对环境、安全、卫生和事故预防的标准。

1. 进行安全知识的学习。

在使用设备时需要采取特殊预防措施以避免潜在的危险,会区分危险、警告和小心三种安全类别。根据标准,视危险严重性和危害程度将警告信息分为如下三组,如图 2-7 所示。

任务二 开瓶器的金属打印

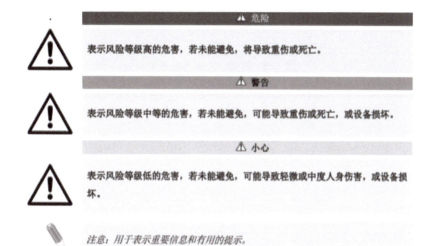

图 2-7 安全类别图

2. 查阅资料，了解使用危险、警告和小心的标志符号的一般形状和颜色，并填写表 2-6。

表 2-6 警告标志及说明

标志	说明
⚠	一般危险行为标志，表示 _____
🚫	_____ 标志，表示不应采取的行动
❗	强制行为标志，表示为避免 _____ 情况必须采取的行动

3. 查阅资料，了解危险行为标志，并填写表 2-7。危险行为标志表示危险情况或动作，是对可能导致设备损坏和人身伤害的情况提出的警告。

表 2-7 危险行为标志及说明

标志	说明	标志	说明
	表示激光辐射		表示_____
	表示_____		表示_____
	表示热表面危害		表示静电危害
	表示_____		表示_____
	表示_____		表示砸脚危害
	表示电磁危害		表示_____

33

工业产品金属3D打印（SLM）

4. 查阅资料，了解禁止行为标志，并填写表2-8。禁止行为符号在警告和通知中使用，表示不能采取的行动。

表2-8　禁止行为标志及说明

标志	说明	标志	说明
	表示_____		表示禁止佩戴心脏起搏器者靠近
	表示受限访问		表示_____
	表示_____		表示_____
	表示禁止移动通信设备		表示禁止触摸高温

5. 查阅资料，了解强制行为标志，并填写表2-9。强制行为标志在警告和通知中使用，表示必须采取的行动。

表2-9　强制行为标志及说明

标志	说明	标志	说明
	表示必须查阅手册或说明书		表示_____
	表示_____		表示_____
	表示必须佩戴防护面罩		表示必须拔出电源插头
	表示_____		表示必须注意通风
	表示_____		表示就医符号

三、领取材料、工具、量具及防护装备

领取材料、工具、量具及防护装备，并填写表2-10。

表2-10　领取材料、工具、量具及防护装备表

序号	名称	规格	数量	备注
1				
2				
3				
4				
5				
6				
7				
8				
9				
10				
发放人：		领取人：		年　月　日

四、打印过程

1. 简述开机准备过程，完成以下填空。
（1）做好_____的各项常规检查工作。
（2）规范起动_____。
（3）戴好_____。
（4）简述金属打印机的基本操作。
1）安装_____。
2）安装_____。
3）送入金属粉末进_____。
4）安装_____。
5）擦拭_____。
6）_____。
7）传输_____。
8）开始打印。

金属 3D 打印机的
基本操作步骤

2. 简述洗气的原理。

3. 如何检查设备的气密性？

4. 参照表 2-11 简述开瓶器金属 3D 打印成形过程。

开瓶器金属 3D
打印成形的过程

表 2-11　开瓶器金属 3D 打印成形过程

步骤	图示
（1）_____	

（续）

步骤	图示
（2）_____	
（3）_____	
（4）_____	

5. 记录打印过程中出现的故障，分析后进行处理，填写表 2-12。

表 2-12　开瓶器金属 3D 打印过程故障表

序号	层数	原因	解决方案	是否解决问题	备注
1					
2					
3					
4					
5					

五、设备保养及场地清理

打印完毕后，按照车间规定整理现场，清扫洒落的金属粉末，保养设备，并正确处置废粉末等废弃物。按照车间规定填写设备日常保养记录卡（附录 A）。

学习活动 4　开瓶器后处理

学习目标

1. 掌握 SLM 工艺产品后处理方法。
2. 认识后处理工具。
3. 能够使用钳子去除支撑。
4. 能够理解并简述后处理过程。
5. 能够使用锉刀打磨零件。

建议学时

6 学时

学习过程

一、安全防护

请说出后处理需要哪些个人安全防护装备，填写表 2-13。

表 2-13　防护装备

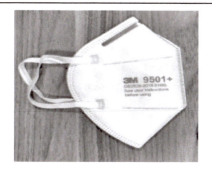

工业产品金属3D打印（SLM）

二、领取后处理工具、量具

领取后处理工具、量具，填写表 2-14 中后处理工具的名称。

表 2-14　后处理工具

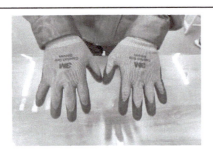

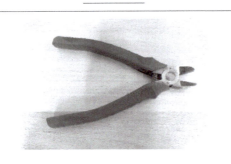

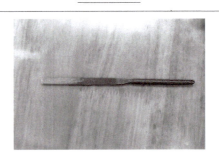

三、后处理过程

得到初步金属3D打印成形的产品后，还要对其进行必要的后处理工序才能得到最终的产品。

1. 在开始操作前检查是否穿戴好防护用品，对照安全操作规程的相关要求进行检查，并记录检查结果（表 2-15）。

表 2-15　安全检查表

项目	安全检查内容	学生记录	
安全防护检查	是否按要求穿好工作服？女生需把长发盘起并塞入帽内	□是	□否
	是否按要求穿好劳保鞋	□是	□否
	是否按要求佩戴护目镜	□是	□否
	是否按要求佩戴防尘口罩	□是	□否
	是否把手套、饰品、围巾和领带等物品摘掉了	□是	□否

注：未按要求穿戴劳保用品和安全检查未完成不允许进行加工操作。

2. 查阅资料，总结常见的将零件从基板上分离的方式有几种？分别是什么？

任务二 开瓶器的金属打印

3. 掌握开瓶器去除支撑的操作方法，填写表2-16。

表2-16 开瓶器去除支撑过程

过程说明	图示
1. 处理支撑时要佩戴_____。开瓶器的支撑是_____状支撑和_____状支撑，底部是实体支撑。使用钳子钳掉块状支撑和柱状支撑，使用_____磨掉底部实体支撑	
2. 去除支撑后，零件表面还有柱状支撑的断裂点或者块状支撑的残留，使用_____或者_____去除	

4. 掌握开瓶器表面处理的操作方法，填写表2-17。

开瓶器去除支撑及表面处理的过程

表2-17 开瓶器表面处理过程

过程说明	图示
1. 去除支撑的工序完毕后，再进行最后的_____即可完成开瓶器后处理。使用砂纸进行手工打磨，对支撑区域进行修整，对整个开瓶器进行最后的磨光	

工业产品金属3D打印（SLM）

（续）

过程说明	图示
2. 成品展示	

四、设备保养及场地清理

后处理完毕后，按照车间规定整理现场，清扫洒落的金属粉末，并正确处理打印的支撑等废弃物。按照车间规定填写交接班记录（附录B）。

学习活动5　任务评价与总结

学习目标

1. 锻炼表达能力，能流畅简述开瓶器任务涉及的各种操作步骤。
2. 能够正确检验工作任务的完成效果。
3. 能够正确客观地进行评价与总结。
4. 能够正确分析、总结产品不合格的原因。
5. 能够正确检验出产品的性能。

建议学时

2学时

一、领取量具及检验产品

1. 开瓶器测量需要使用哪些量具？

2. 按照评分标准检验开瓶器是否合格，填写表 2-18。

表 2-18　开瓶器的评分标准

序号	项目	技术要求	配分	评分标准	自检	互检	教师检验	得分
1	支撑工艺		15	正确的支撑工艺				
2	打印产品		10	能打印完成				
3	结构特征		10	是否保留结构特征				
4	后处理工艺		15	去除支撑完整性				
5	表面质量		15	表面质量的好坏				
6	性能要求		10	产品是否能满足性能要求				
7	主观评分		5	产品表面有无缺陷，有一处缺陷扣 1 分				
8			2.5	产品结构完整性				
9			2.5	产品表面粗糙度，有一处不符合要求扣 0.5 分				
10	职业素养		1.5	工具、量具是否分区摆放				
11			1.5	工具摆放整齐、规范、不重叠				
12			1.5	量具摆放整齐、规范、不重叠				
13			1.5	防护装备佩戴规范				
14			1.5	工作服、工作帽、工作鞋穿戴规范				
15			1.5	加工后清理现场，现场是否清洁				
16			1.5	现场表现				
17	更换、添加材料		4.5	是否更换、添加材料	是 / 否			
18	计算机操作			有严重违反工艺的则取消考试资格，其他则视情况酌情扣分扣分不超过 25 分				
19				总分				

3. 交检验人员验收合格后，请填写生产任务单。

二、性能检测

分析不合格产品产生的原因，提出改进意见，填写表 2-19。

表 2-19　不合格产品产生的原因及改进方法

不合格产品	产生原因	改进方法

三、清理现场

1. 清理现场、归置物品。
2. 本任务所用量具的日常维护与保养分别包括哪些工作？

工业产品金属3D打印（SLM）

四、开瓶器工作小结

结合开瓶器任务的学习及实际操作过程，进行工作总结，并填写在下方空白处。

工匠精神

观看《大国工匠》系列视频——第二集 大术无极，了解中国坦克制造能力，感受工匠非凡的职业绝技。

知识拓展

增材制造的发展

增材制造（Additive Manufacturing，AM）技术的起源可以追溯到150年前，当时人们利用二维图层叠加来成形三维的地形图。20世纪60～70年代的研究工作验证了第一批现代增材制造工艺，包括20世纪60年代末的光聚合技术、1972年的粉末熔融工艺以及1979年的薄片叠层技术。然而，当时的增材制造技术尚处于起步阶段，几乎没有市场，对研发的投入也很少。

到20世纪80年代和90年代初，增材制造相关专利和学术出版物的数量明显增多，出现了很多创新的增材制造技术，例如1989年麻省理工学院的3D打印技术（3DP），以及90年代的激光束熔融工艺。同一时期，一些增材制造技术被成功商业化，包括光固化（SLA）技术、固体熔融沉积技术（FDM）以及激光烧结技术（SLS）。但是在当时，成本高、材料选择有限、尺寸限制以及精度限制制约了增材制造技术在工业上的应用，增材制造技术只能用于小量、快速原型或模型的制作。

20世纪90年代～21世纪初是增材制造技术的增长期。电子束熔化（EBM）等新技术实现了商业化，原有技术也得到了改进。研究者的注意力开始转向开发增材制造相关软件，出现了增材制造的专用文件格式及专用软件，如Materialise公司的Magics软件。设备的改进和工艺的开发使增材制造产品的质量得到了很大的提高，开始被用于工具甚至最终零件产品。

目前，金属的增材制造技术在众多增材制造技术中脱颖而出，成为市场关注的重点。金属增材制造技术的设备、材料和工艺相互促进发展，多种不同的金属增材技术互相竞争、互相促进，不同的技术特点开始展现，其应用方向也逐渐明确。

任务三

叶片的金属打印

工作情境描述

某客户的电动机轮船在长期使用后,推动处的螺旋桨叶片有几片损坏了(图3-1),于是找到贵公司并寄来一片没有损坏的叶片(图3-2和图3-3),希望贵公司制造出的叶片与原来的一样,并批量制造出多个备用件以便更换。

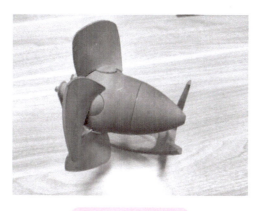

图3-1 叶片损坏图

图3-2 没有损坏的叶片一

图3-3 没有损坏的叶片二

公司收到寄来的叶片,利用三维扫描生成点云数据,完成对叶片金属打印,以便后面的批量打印,便委托3D打印中心某高级工程师负责此任务。高级工程师依据产品要求实施,助理工

工业产品金属3D打印（SLM）

程师仔细阅读产品任务书，依据产品要求确认打印材料为铝合金，并根据要求制订打印流程，通知逆向设计设备管理部门安排扫描，完成扫描和逆向建模后，模型数据交接给金属打印部进行打印，打印完成后进行检验，检验完成后交付质检部门进行检验并获得反馈。

学习目标

1. 掌握金属3D打印SLM工艺打印材料的种类。
2. 能够独立查阅资料获取叶片信息。
3. 能够熟练应用Magics软件处理数据、添加模型及打印支撑。
4. 能够举例说出SLM工艺在哪些行业领域中运用广泛。
5. 能够提高零件导入软件中，并添加打印平台及使用自动修复功能的操作水平。
6. 能够熟练操作金属3D打印机的打印步骤。
7. 能够独立完成金属3D打印机的基本操作。
8. 能够简述STL文件格式精度的特点。
9. 熟练掌握SLM工艺产品后处理的方法。

素养目标

1. 课后观看《大国工匠》系列视频——第三集 大巧破难，感悟从事该专业必须具备的精益求精、一丝不苟的工匠精神。
2. 在完成叶片金属3D打印的过程中，培养创新精神、科学精神和科学思想，开拓新方法、新观点。

建议总学时

30学时

学习活动1　任务准备

学习目标

1. 阅读生产任务单，理解生产任务单内容，并能简述叶片金属3D打印的工作任务。
2. 理解并掌握金属3D打印SLM工艺打印材料的种类。
3. 能够举例说出SLM工艺在哪些行业领域中运用广泛。
4. 能够独立查阅资料获取叶片信息。
5. 能够描述出叶片的主要用途。

建议学时

6学时

任务三　叶片的金属打印

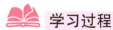学习过程

一、领取生产任务单及团队分工

1. 领取生产任务单，并填写表 3-1。

表 3-1　叶片金属 3D 打印生产任务单

单号		开单时间		年	月	日	时
开单部门		开单人		接单人			
以下由开单人填写							
产品名称	叶片	数量	1	完成工时		30h	
材料	AlSi10Mg	客户要求		产品满足性能要求			
任务要求	1. 领取材料 2. 根据现场情况选用合适的工具、量具和防护装备 3. 根据金属 3D 打印工艺进行打印，并交付进行检验 4. 填写生产任务单，清理工作场地，完成工具、量具及设备的维护与保养						
以下由接单人与确认方填写							
操作者检测				（签名） 年　月　日			
班组检测				（签名） 年　月　日			
质检员检测	□合格　　□返修　　□报废			（签名） 年　月　日			

2. 组建团队并进行任务分工，填写表 3-2。

表 3-2　团队成员及工作任务

团队名称	团队成员	工作任务

二、获取任务信息

1. 查阅资料，了解叶片信息。

2. 通过团队讨论，简述金属 3D 打印 SLM 工艺打印材料有哪些。

3. 查阅资料，举例说明 SLM 工艺在哪些行业领域中广泛应用。

三、阅读生产任务单并明确任务内容

1. 填写接收任务单，明确产品材料、数量及完成时间。

产品名称：_____；产品材料：_____；

产品数量：_____；完成时间：_____。

2. 领取叶片模型（图 3-3），通过扫描二维码获取叶片 STL 模型。
3. 认识叶片用途及相关技术要求。
（1）查阅资料，简述叶片的主要用途。

叶片 STL 模型

（2）查阅资料，简述叶片的工作原理及相关技术要求。

学习活动 2　叶片数据处理

 学习目标

1. 能够使用 Magics 软件处理数据，添加支撑。
2. 能够独立操作软件导入模型数据。
3. 提高零件导入、添加打印平台及使用自动修复功能的操作水平。
4. 能够使用 Magics 软件判断添加支撑的倾斜角度是否合理。
5. 学习并掌握 STL 文件格式精度的特点。

任务三 叶片的金属打印

建议学时

6 学时

学习过程

一、数据处理软件应用

1. 查阅关于 Magics 数据处理软件的资料，完成以下内容的填写。

Magics 数据处理软件用户界面支持现有的所有文件格式，包括_____和_____，与各种企业软件解决方案都能_____起来，例如 Streamics、各种类型的 Build 处理器及增材制造控制平台等。另外一些模块可提供更高效、更先进的嵌套以及更灵活的操作流程。通过 Magics 软件将数模文件从模态结构转换成数字结构，之后的操作就是在数字结构下进行的。数据处理的方法及精度也直接影响成形件的质量。

叶片生成支撑的过程

2. 参照图 3-4 简述叶片 STL 文件导入至 Magics 软件中的步骤。

图 3-4　叶片的 STL 文件导入

3. 参照任务一表 1-3 简述对导入 Magics 软件中的叶片 STL 文件进行修复的步骤。
4. 参照任务一表 1-3 简述叶片加工平台的设置步骤。
5. 参照图 3-5，简述在叶片竖直方向添加支撑的优缺点。

图 3-5　竖直方向添加支撑

6. 参照图 3-6 简述在叶片倾斜方向添加支撑的优缺点。

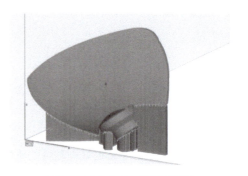

图 3-6　倾斜方向添加支撑

7. 参照图 3-7 简述在叶片水平方向添加支撑的优缺点。

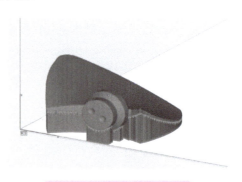

图 3-7　水平方向添加支撑

8. 参照任务一表 1-3 中支撑列表及各项参数简述生成支撑后,还需要注意哪些问题?

叶片切片处理的过程

9. 参照表 3-3,简述对叶片进行切片处理的 4 个步骤。

表 3-3　叶片切片处理过程

步骤	图示
(1)	

（续）

步骤	图示
（2）_____ _____ _____ _____ _____ _____	
（3）_____ _____ _____ _____ _____ _____ _____ _____	
（4）_____ _____ _____ _____ _____ _____ _____ _____	

二、数据处理

简述 STL 文件精度的控制方法，完成以下内容的填写。

当保存了_____文件之后，所有设计的表面和曲线都会被取代并转换成_____。网格由一系列的三角形组成，代表着设计原型中的精确几何含义。STL 文件是由许多_____组成的，用大量的三角形来无限逼近目标曲线曲面，因此它是一种近似，所以文件本身会有误差。这也就是为什么 STL 文件也是有_____的，或者有_____的，使用的三角面片_____，越逼近真实值，但是文件通常也会非常大，计算机和 3D 打印机都难以处理；使用的三角面片越少，则可能精度越低，误差越大，所以 STL 文件需要有合适的_____。考虑到 3D 打印机的精度，通常 STL 文件的精度控制在_____以内较为合适。如果 STL 文件太大会导致切片失败，STL 文件太大的原因多是由于面片数太多，这种情况下可以对文件进行减面处理。由于打印本身有物理精度，面片数太高或者太低，都对打印有负面影响，要调整到适当的面片数。因此，在文件大小和打印质量之间找到适当的平衡是非常重要的。

学习活动 3　叶片金属 3D 打印

学习目标

1. 正确佩戴个人防护装备。
2. 能够熟练操作金属 3D 打印机的打印步骤。
3. 独立完成金属 3D 打印机的基本操作。
4. 能够使用金属 3D 打印机打印叶片零件。

建议学时

10 学时

学习过程

一、制订叶片金属 3D 打印工艺

根据金属 3D 打印要求，考虑现场的实际条件，团队成员共同分析、讨论并确定合理的工艺计划，填写叶片金属 3D 打印工艺卡，见表 3-4。

表 3-4　叶片金属 3D 打印工艺卡

产品名称	叶片	材料	AlSi10Mg	图号		产品数量	
工序序号	工序名称	工序内容					操作者

二、熟悉工作环境

了解 3D 打印区域与工作区域的范围和限制，理解企业对环境、安全、卫生和事故预防的标准。

操作设备、故障排除、维护设备以及处理金属粉末时必须穿戴个人防护装备。以下为常见的个人防护的标志和说明，见表 3-5，并完成填写。

任务三 叶片的金属打印

表 3-5 常见的个人防护标志和说明

标志	说明
	戴侧面保护的安全眼镜（符合 EN 166）：保护眼部免受_____烧伤，并避免直接与_____接触
	防尘口罩（过滤器类别 P3）：防止操作过程中吸入_____
	防护手套：保护手和手臂免受热和灼伤，防止皮肤接触_____
	阻燃防护服：防止金属粉末直接_____皮肤以及烧伤皮肤
	戴颗粒过滤器的防护面罩（过滤器类别 P3）：防止_____金属粉尘和灼伤
	三防安全鞋（静电防护符合 EN 61340—4—3 或同等级）：防止_____或破碎和脱落的零部件_____操作人员

三、领取材料、工具、量具及防护装备

领取材料、工具、量具及防护装备，并填写表 3-6。

表 3-6 领取材料、工具、量具及防护装备表

序号	名称	规格	数量	备注
1				
2				
3				
4				
5				
6				
7				
8				
9				
10				
发放人：		领取人：		年 月 日

四、打印过程

1. 简述开机准备过程，完成以下填空。

（1）＿＿＿＿＿＿＿＿＿＿＿＿＿＿＿＿＿＿＿＿＿＿＿＿＿＿＿＿＿＿＿＿＿。

（2）＿＿＿＿＿＿＿＿＿＿＿＿＿＿＿＿＿＿＿＿＿＿＿＿＿＿＿＿＿＿＿＿＿。

（3）＿＿＿＿＿＿＿＿＿＿＿＿＿＿＿＿＿＿＿＿＿＿＿＿＿＿＿＿＿＿＿＿＿。

（4）＿＿＿＿＿＿＿＿＿＿＿＿＿＿＿＿＿＿＿＿＿＿＿＿＿＿＿＿＿＿＿＿＿。

金属 3D 打印机的基本操作步骤

1）＿＿＿。

2）＿＿＿。

3）＿＿＿。

4）＿＿＿。

5）＿＿＿。

6）＿＿＿。

7）＿＿＿。

8）＿＿＿。

2. 参照表 3-7 简述叶片金属 3D 打印成形过程。

叶片金属 3D 打印成形的过程

表 3-7 叶片金属 3D 打印成形过程

步骤	图示
（1）＿＿	
（2）＿＿	

任务三 叶片的金属打印

（续）

步骤	图示
（3）_____	
（4）_____	

3. 记录打印过程中出现的故障，分析后进行处理，并填写表3-8。

表3-8 叶片金属3D打印过程故障表

序号	层数	原因	解决方案	是否解决问题	备注
1					
2					
3					
4					
5					

五、设备保养及场地清理

打印完毕后，按照车间规定整理现场，清扫洒落的金属粉末，保养机床，并正确处置废粉末等废弃物。按照车间规定填写设备日常保养记录卡（附录A）。

学习活动4　叶片后处理

学习目标

1. 熟练掌握SLM工艺产品的后处理的方法。
2. 熟练掌握后处理工具。
3. 能够独立操作后处理过程。

4. 提高锉刀打磨零件的技巧。
5. 增强砂纸打磨抛光零件的技巧。

建议学时

6 学时

学习过程

一、安全防护

佩戴好安全防护装备，将防护装备名称填写在表 3-9 中。

表 3-9 防护装备

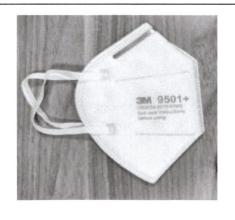

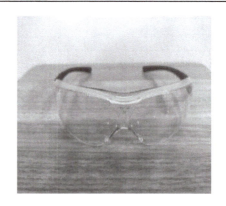

二、领取后处理工具、量具

领取后处理工具、量具，填写表 3-10 中后处理工具的名称。

表 3-10　后处理工具

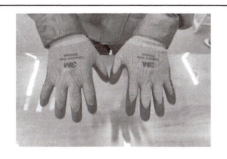
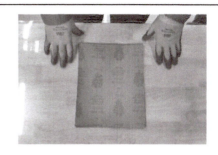
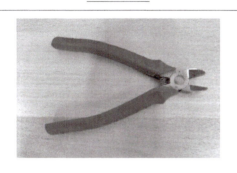
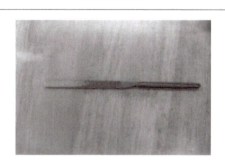

三、后处理过程

得到初步金属 3D 打印成形的产品后，还要对其进行必要的后处理工序才能得到最终的产品。

1. 你在开始操作前是否穿戴好防护装备？对照安全操作规程的相关要求进行检查，并记录检查结果（表 3-11）。

表 3-11　安全检查表

项目	安全检查内容	学生记录	
安全防护检查	是否按要求穿好工作服，女生需把长发盘起并塞入帽内	□是	□否
	是否按要求穿好劳保鞋	□是	□否
	是否按要求佩戴护目镜	□是	□否
	是否按要求佩戴防尘口罩	□是	□否
	是否把手套、饰品、围巾和领带等物品摘掉了	□是	□否

注：未按要求穿戴防护装备和安全检查未完成不允许进行加工操作。

2. 查阅资料，学习并掌握收取零件时的注意事项。

（1）打印完毕后，按照规定做好_____措施，打印任务结束后，请勿触摸_____、基材或_____，防止_____。成形室温度降至_____℃以下，才能拆下带烧结件的基材。

（2）吸入的金属粉尘会导致长期的_____或对健康有其他不利影响，接触金属粉末时必须佩戴_____。

（3）收取零件时，操作人员必须穿戴_____、带颗粒过滤器的_____、三防安全鞋和_____。

（4）零件打印完成后，成形室内堆积较多打印过程中未被清理的_____，因此必须先对成形室内的金属粉末进行清理，之后才可打开_____，进行零件收取工作。

（5）必须等待成形室_____警报解除后，再进行收取零件操作。

（6）搬运带烧结件的基材时必须穿_____，防止基材滑落砸伤手、脚。

叶片去除支撑及表面处理的过程

3. 掌握叶片去除支撑的操作方法，填写表3-12。

表3-12 叶片去除支撑过程

过程说明	图示
1. 处理支撑时要_____。叶片的支撑是块状支撑和柱状支撑，底部是实体支撑，使用_____钳掉块状支撑和柱状支撑	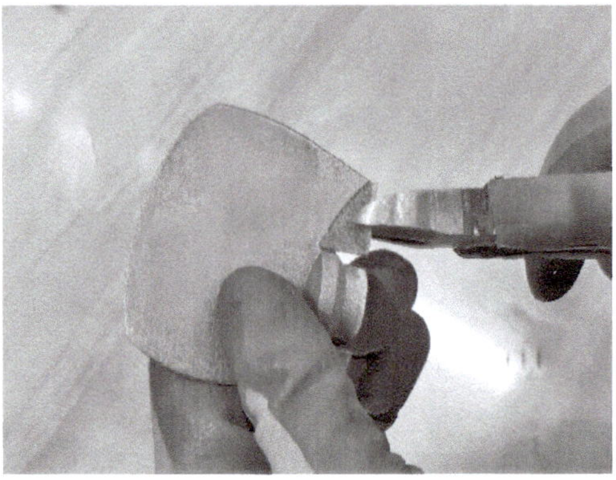
2. 去除支撑后，零件表面还余有柱状支撑的_____或者块状支撑的_____，使用锉刀去除	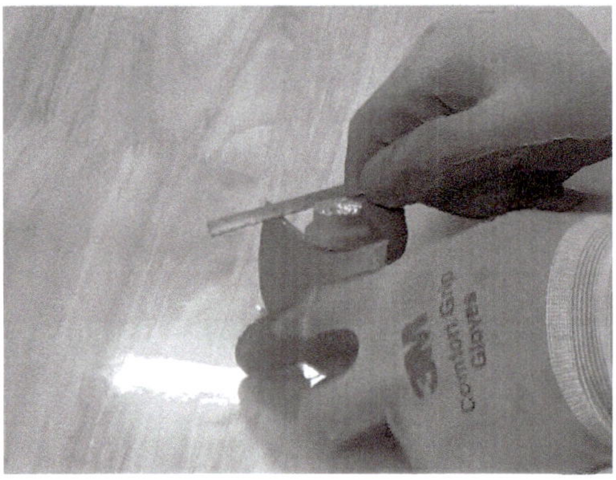
3. 使用_____磨掉底部的实体支撑	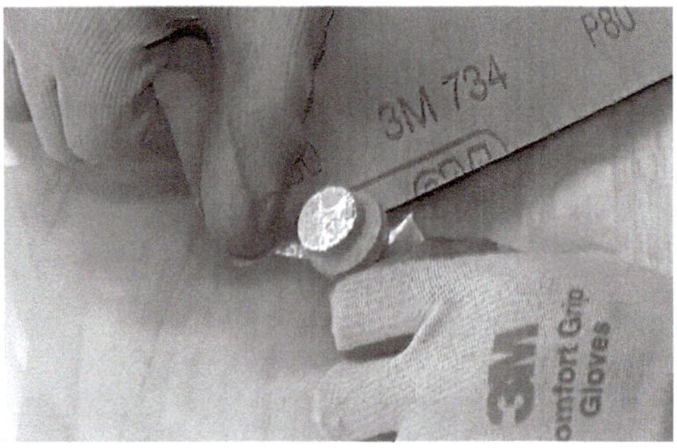

4. 掌握叶片表面处理的操作方法，填写表 3-13。

表 3-13 叶片表面处理过程

过程说明	图示
1._____的工序完毕后，再进行最后的_____即可完成叶片的后处理。使用砂纸进行手工打磨，对支撑区域进行修整，对整个叶片进行最后的_____	
2. 成形效果	

四、设备保养及场地清理

后处理完毕后，按照车间规定整理现场，清扫洒落的金属粉末，并正确处理打印的支撑等废弃物。按照车间规定填写交接班记录（附录 B）。

学习活动 5　任务评价与总结

学习目标

1. 能够正确检验工作任务的完成结果。
2. 能够选择正确的量具检验产品。
3. 能够判断支撑工艺是否合理。
4. 能够简述产品表面质量好坏的标准。

建议学时

2 学时

工业产品金属3D打印（SLM）

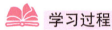 学习过程

一、领取量具及检验产品

1. 叶片测量需要使用哪些量具？

2. 按照评分标准检验叶片是否合格，填写表3-14。

表 3-14 叶片的评分标准

序号	项目	技术要求	配分	评分标准	自检	互检	教师检验	得分
1	支撑工艺		15	正确的支撑工艺				
2	打印产品		10	能打印完成				
3	结构特征		10	是否保留结构特征				
4	后处理工艺		15	去除支撑完整性				
5	表面质量		15	表面质量的好坏				
6	性能要求		10	产品是否满足性能要求				
7	主观评分		5	产品表面有无缺陷，有一处缺陷扣1分				
8			2.5	产品结构完整性				
9			2.5	产品表面粗糙度，有一处不符合要求扣0.5分				
10	职业素养		1.5	工具、量具是否分区摆放				
11			1.5	工具摆放整齐、规范、不重叠				
12			1.5	量具摆放整齐、规范、不重叠				
13			1.5	防护装备佩戴规范				
14			1.5	工作服、工作帽、工作鞋穿戴规范				
15			1.5	加工后清理现场，现场是否清洁				
16			1.5	现场表现				
17	更换、添加材料		4.5	是否更换、添加材料	是/否			
18	计算机操作			有严重违反工艺的则取消考试资格，其他则视情况酌情扣分 扣分不超过25分				
19			总分					

3. 交检验人员验收合格后，请填写生产任务单。

二、性能检测

分析不合格产品产生的原因，提出改进意见，填写表3-15。

表 3-15 不合格产品产生的原因及改进方法

不合格产品	产生原因	改进方法

三、清理现场

1. 清理现场、归置物品。
2. 本任务所用量具的日常维护与保养分别包括哪些工作？

四、叶片工作小结

结合叶片任务的学习及实际操作过程，进行工作总结，并填写在下方空白处。

工匠精神

观看《大国工匠》系列视频——第三集 大巧破难，感悟从事该专业必须具备的精益求精、一丝不苟的工匠精神。

知识拓展

增材制造技术的分类

1. 光敏树脂液相固化成形

光敏树脂液相固化成形（SLA）是最早实用化的快速成形技术。其具体原理是选择性地用特定波长与强度的激光束聚焦到光固化材料（例如液态光敏树脂）表面，使之发生聚合反应，再按由点到线、由线到面的顺序凝固，完成一个层面的绘图作业，然后升降台在垂直方向移动一个层片的高度，再固化另一个层面。这样层层叠加构成一个三维实体。

2. 选择性激光粉末烧结成形

选择性激光粉末烧结成形（SLS）工艺是利用粉末状材料成形的。将材料粉末铺洒在已成形零件的上表面并刮平，用高强度的CO_2激光器在刚铺好的新层面上扫描零件截面，材料粉末在高强度的激光束照射下被烧结在一起，从而得到零件的截面，并与下面已成形的部分粘接。当一层截面烧结完成后，再铺上新的一层材料粉末，继续烧结下层截面。SLS 工艺最大的优点在于选材较为广泛。

3. 三维打印成形

三维打印成形（3DP）技术和平面打印非常相似，都可以直接使用平面打印机的打印喷头。和SLS技术类似，3DP技术的原料也是粉末状的，不同的是材料粉末不是通过烧结连接起来的，而是通过喷头使用黏结剂将零件的截面"印刷"在材料粉末上面。

4. 熔丝堆积成形

熔丝堆积成形（FDM）工艺的原理是将丝状的热熔性材料加热融化，同时三维喷头在计算机的控制下，根据截面轮廓信息，将材料选择性地涂敷在工作台上，快速冷却后形成一层截面。一层成形完成后，机器工作台下降一个分层厚度的高度再成形下一层，直至形成整个实体造型。FDM 是一种成本较低的增材制造技术，所用材料成本比较，不会产生毒气和化学污染。但是 FDM 技术打印成形后表面粗糙，需要后续抛光处理。由于喷头的机械运动速度缓慢，因此在工业应用程度不高，但是随着技术的不断提高，现在 FDM 技术同样能够制造金属零件。

5. 气溶胶喷射

气溶胶喷射打印技术是一种先进的制造技术，它通过喷射气溶胶（包含固体颗粒的气体）来进行精细的打印。这种技术常用于电子设备、传感器及微机电系统等高精度应用。

6. 细胞 3D 打印

细胞 3D 打印技术是快速成形技术和生物制造技术的有机结合，可以解决传统工程难以解决的问题。在生物医学的应用研究中有着广阔的发展前景。细胞 3D 打印主要以细胞为原材料，复制一些简单的生命体组织，例如皮肤、肌肉以及血管等，甚至在未来可以制造人体组织如肾脏、肝脏甚至心脏，用于进行器官移植。

任务四

活扳手的金属打印

工作情境描述

某汽车维修公司维修汽车时活扳手被压弯，所以向公司发来活扳手订单，客户提供了STL数据文件，要求利用SLM工艺金属3D打印生成实体，极限偏差为±0.1mm。公司决定将逆向建模模块交给逆向工程部及设计部来完成，符合客户要求后，将文件复制发给审核部校正，校正审核通过后，再送至金属3D打印部进行产品实体化SLM工艺打印。

学习目标

1. 能够阅读生产任务单，归纳活扳手金属3D打印的工作任务。
2. 能够熟练获取活扳手信息。
3. 能够熟练使用Magics软件对活扳手进行切片处理。
4. 能够描述增材制造工艺链的内容。
5. 能够识别急停危险警报。
6. 能够熟练填写活扳手金属打印工艺卡。
7. 能够描述风磨笔的使用方法。
8. 能够灵活运用后处理工具对活扳手进行后处理。
9. 能够判断支撑工艺是否合理。
10. 能够比较产品表面质量的好坏。

素养目标

1. 课后观看《大国工匠》系列视频——第四集 大艺法古，体会传统手工艺人在现代社会中的坚守与创新。
2. 在完成活扳手金属3D打印的过程中，培养创新精神、科学精神和科学思想，开拓新方法、新观点。

建议总学时

30学时

工业产品金属3D打印（SLM）

学习活动 1　任务准备

 学习目标

1. 能够阅读生产任务单，归纳活扳手金属3D打印的工作任务。
2. 能够理解、掌握活扳手的构成。
3. 能够验证活扳手的用途。
4. 能够熟练操作获取活扳手信息。
5. 能够描述出活扳手的主要用途。

 建议学时

6学时

 学习过程

一、领取生产任务单及团队分工

1. 领取生产任务单，并填写表4-1。

表4-1　活扳手金属3D打印生产任务单

单号		开单时间		年　　月　　日　　时		
开单部门		开单人		接单人		
以下由开单人填写						
产品名称	活扳手		数量	1	完成工时	30h
材料	AlSi10Mg		客户要求		产品满足性能要求	
任务要求	1. 领取材料 2. 根据现场情况选用合适的工具、量具和护具 3. 根据金属3D打印工艺进行打印，并交付进行检验 4. 填写生产任务单，清理工作场地，完成工具、量具及设备的维护与保养					
以下由接单人与确认方填写						
操作者检测					（签名） 年　月　日	
班组检测					（签名） 年　月　日	
质检员检测	□合格　　□返修　　□报废				（签名） 年　月　日	

任务四　活扳手的金属打印

2.组建团队及任务分工，填写表 4-2。

表 4-2　填写团队成员及工作任务

团队名称	团队成员	工作任务

二、获取任务信息

查阅资料，了解活扳手信息并进行描述。

三、阅读生产任务单并明确任务内容

1.填写接收任务单，明确产品材料、数量及完成时间。
产品名称：_____；产品材料：_____；
产品数量：_____；完成时间：_____。
2.领取活扳手模型（图 4-1），通过扫描二维码获取活扳手 STL 模型。

图 4-1　活扳手模型

活扳手 STL 模型

3.认识活扳手用途及相关技术要求。
（1）查阅资料，简述活扳手的主要用途。

（2）查阅资料，简述满足活扳手使用要求的方法及相关技术要求。

4. 简述增材制造的发展,并填写以下空白。

增材制造的出现最早可以追溯到_____。最初,增材制造被用来制作产品的外观模型,材料仅限于_____。

研究者在 1996～1998 年期间对增材制造的出现和发展做了初步的归纳和分类,有关增材制造技术的专利也逐渐增多,其中 Paul L.Dirnatteo 在其专利中明确地提出了_____的基本思路,即先用轮廓跟踪器将三维物体转化成许多的二维轮廓薄片,然后用激光切割成形这些薄片,最后用螺钉、销钉等将一系列薄片连接成三维实体。

学习活动 2　活扳手数据处理

学习目标

1. 能够使用 Magics 软件处理数据,添加支撑。
2. 能够熟练操作活扳手添加支撑的步骤。
3. 能够熟练使用 Magics 软件对活扳手进行切片处理。
4. 能够理解并掌握 SLM 工艺的成形原理。
5. 能够描述增材制造工艺链的内容。

建议学时

6 学时

一、数据处理软件应用

1. 使用 Magics 数据处理软件,对活扳手添加支撑,在过程中进行截图,并填写表 4-3。

表 4-3　活扳手添加支撑

活扳手生成支撑的过程

步骤	图示	步骤内容
1. 导入文件		
2. 检查修复		

任务四　活扳手的金属打印

（续）

步骤	图示	步骤内容
3. 创建加工平台		
4. 零件摆放		（选择合理的摆放角度）
5. 支撑参数设置		
6. 生成支撑		

2. 简述对活扳手进行切片处理的步骤，请在此过程中进行截图，并填写表4-4。

活扳手切片处理的过程

表4-4　活扳手切片处理过程

步骤	图示
（1）_____	
（2）_____	

（续）

步骤	图示
（3）_____ _____ _____ _____	
（4）_____ _____ _____ _____	

3. 图 4-2 为 SLM 工艺的工作原理图，简述 SLM 的成形原理。

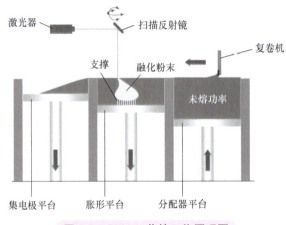

图 4-2　SLM 工艺的工作原理图

4. 通过团队讨论，简述增材制造技术根据技术路线不同，可分哪五个类别？

二、数据处理

1. 简述增材制造工艺链的内容，完成以下内容的填写。

增材制造工艺链是指利用数字化设计和三维打印技术，通过逐层堆叠材料的方式制造物体的过程。它包括以下几个主要步骤。

（1）_____：首先通过计算机辅助设计（CAD）软件创建 3D 模型，确定物体的形状、尺寸和结构。

（2）_____：将设计好的 3D 模型在计算机中切割成薄层，为后续的打印过程作准备。

（3）_____：选择合适的增材制造材料，通常包括塑料、金属粉末、陶瓷等，保证材料质量和性能符合要求。

（4）_____：根据切片数据，利用3D打印机逐层堆叠材料，按照设计要求逐渐建造出实体。

（5）_____：打印完成后去除支撑结构，进行表面质量处理、热处理等后续工艺，确保物体质量和表面粗糙度。

（6）_____：对打印完成的物体进行质量检验，包括尺寸、外观、结构完整性等方面的检验，确保物体符合设计要求和质量标准。

（7）_____：对增材制造过程中产生的各种数据进行管理和记录，包括设计数据、打印参数、质量检验结果等，以便追溯和优化制造过程。

（8）_____：在增材制造过程中产生的废料和废水等，需要进行妥善处理和回收利用，减少资源浪费和环境污染。

（9）_____：根据质量检验结果和生产经验，要不断优化增材制造工艺的各个环节，提升生产效率和产品质量。

增材制造工艺链是一个涵盖产品设计、材料选择、生产制造、质量控制等多个环节的系统工程，需要各个环节紧密协同，才能实现高效、精准的3D打印。

2. 图4-3所示为水杯的3D打印工艺流程图，简述序号①～⑧代表的工艺步骤。

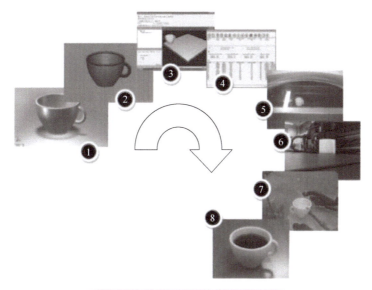

图4-3　水杯的3D打印工艺流程图

① _____
② _____
③ _____
④ _____
⑤ _____
⑥ _____
⑦ _____
⑧ _____

学习活动 3　活扳手金属 3D 打印

学习目标

1. 学习并识别急停危险警报。
2. 能够熟练填写活扳手金属 3D 打印工艺卡。
3. 能够简述铺金属粉末的操作步骤。
4. 能够简述铺金属粉末的作用。
5. 能够探索操作打印机的新方法。

建议学时

10 学时

学习过程

一、制订活扳手金属 3D 打印工艺

根据金属打印要求，考虑现场的实际条件，团队成员共同分析、讨论并确定合理的工艺计划，填写活扳手金属 3D 打印工艺卡，见表 4-5。

表 4-5　活扳手金属 3D 打印工艺卡

产品名称	活扳手	材料	AlSi10Mg	图号		产品数量	
工序序号	工序名称	工序内容					操作者

二、熟悉工作环境

了解 3D 打印区域与工作区域的范围和限制，理解企业对环境、安全、卫生和事故预防的标准。

图 4-4 为急停危险警报，实际生产中需要注意的操作规范如下：

1. 穿戴个人防护装备，如防护面罩、防尘口罩、防护手套、防护服、护目镜、三防安全鞋及防静电手环等。

2. 谨慎操作金属粉末，接触金属粉末时必须佩戴防护面罩（过滤器类别 P3），防止吸入金属粉尘。

任务四 活扳手的金属打印

3. 谨慎搬运、使用金属粉末或其他有害、危险物。
4. 直接或间接接触设备导电部件前，必须切断电源并且确保电源不会被重新打开。
5. 为备件、工具或其他辅助材料提供一个安全、环保的使用、存储和处置空间。
6. 特别注意运动中的零部件。
7. 维护过程中使用专用湿式防爆吸尘器清洁残留在设备中的金属粉末。
8. 正确拧紧在检验和维护工作中松开的螺纹连接。
9. 更换紧固件和密封圈后必须拧紧松动螺钉。

⚠ 危险

当发生事故或可能发生事故时，必须立即按下BLT-A300+设备正面的紧急停止按钮。

在紧急情况解除之前，不得再次运转设备。

图4-4　急停危险警报

三、领取材料、工具、量具及防护装备

领取材料、工具、量具及防护装备，并填写表4-6。

表4-6　领取材料、工具、量具及防护装备表

序号	名称	规格	数量	备注
1				
2				
3				
4				
5				
6				
7				
8				
9				
10				
发放人：		领取人：		年　月　日

四、打印过程

1. 请简述开机准备过程,完成以下填空。

（1）_____。
（2）_____。
（3）_____。

金属3D打印机的基本操作步骤

（4）金属3D打印机的基本操作。

1）_____。
2）_____。
3）_____。
4）_____。
5）_____。
6）_____。

2. 简述金属3D打印SLM工艺的优缺点。

3. 简述铺金属粉末的步骤。

活扳手金属3D打印成形的过程

4. 参照表4-7简述活扳手金属3D打印成形过程。

表4-7　活扳手金属3D打印成形过程

步骤	图示
（1）	
（2）	

（续）

步骤	图示
（3）	
（4）	

5. 简述3D打印常用的金属材料的主要用途，并填写表4-8。

表4-8　金属材料的主要用途

金属种类	主要用途
钢铁材料	
钴基合金	
铝合金	
铜合金	
贵金属	

6. 记录打印过程中出现的故障，分析后进行处理，并填写表4-9。

表4-9　活扳手金属3D打印过程故障表

序号	层数	原因	解决方案	是否解决问题	备注
1					
2					
3					
4					
5					

五、设备保养及场地清理

打印完毕后，按照车间规定整理现场，清扫洒落的金属粉末，保养机床，并正确处置废粉末等废弃物。按照车间规定填写设备日常保养记录卡（附录A）。

学习活动 4　活扳手后处理

学习目标

1. 能够发现 SLM 工艺产品的后处理的新方法。
2. 能够熟练穿戴防护装备。
3. 能够描述风磨笔的使用方法。
4. 能够灵活运用后处理工具对活扳手进行后处理。
5. 能够在加工完成后对场地进行清洁打扫。

建议学时

6 学时

学习过程

一、安全防护

佩戴好安全防护装备，将防护装备名称填写在表 4-10 中。

表 4-10　防护装备

（续）

_____

二、领取后处理工具、量具

领取后处理工具、量具，填写表4-11中后处理工具的名称。

表 4-11 后处理工具、量具

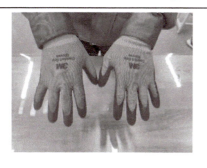	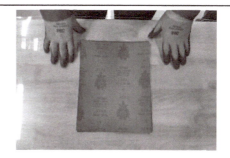
_____	_____

_____	_____

_____	_____

三、后处理过程

得到初步金属3D打印成形的产品后,还要对其进行必要的后处理工序才能得到最终的产品。

1. 你在开始操作前是否穿戴好防护装备?对照安全操作规程的相关要求进行检查,并记录检查结果(表4-12)。

表4-12 安全检查表

项目	安全检查内容	学生记录	
安全防护检查	是否按要求穿好工作服,女生需把长发盘起并塞入帽内	□是	□否
	是否按要求穿好劳保鞋	□是	□否
	是否按要求佩戴护目镜	□是	□否
	是否按要求佩戴防尘口罩	□是	□否
	是否把手套、饰品、围巾和领带等物品摘掉了	□是	□否

注:未按要求穿戴防护装备和安全检查未完成不允许进行加工操作。

2. 掌握活扳手去除支撑的操作方法,填写表4-13。
3. 掌握活扳手表面处理的操作方法,填写表4-14。

活扳手去除支撑及表面处理的过程

表4-13 活扳手去除支撑过程

过程说明	图示
1. 去除支撑时要戴好防护手套。活扳手的支撑是块状支撑和柱状支撑,使用_____钳掉支撑	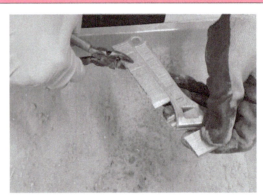
2. 去除完支撑后,零件表面还余有柱状支撑的断裂点或者块状支撑的残留,使用_____或者_____去除	

任务四 活扳手的金属打印

表 4-14 活扳手表面处理过程

过程说明	图示
1. 去除支撑的工序完毕后，再进行最后的打磨即可完成活扳手的后处理，先使用_____或者_____进行手工打磨，对支撑区域进行修整	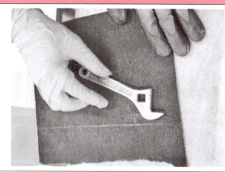
2. 使用打磨头更换成_____，打磨零件表面的大颗粒，对整个活扳手进行最后的磨光，采用 SLM 金属 3D 打印成形工艺制造的活扳手加工完成	
3. 成形效果	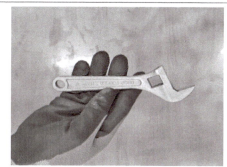

四、设备保养及场地清理

后处理完毕后，按照车间规定整理现场，清扫洒落的金属粉末，并正确处理打印的支撑等废弃物。按照车间规定填写交接班记录（附录 B）。

学习活动 5　任务评价与总结

 学习目标

1. 能够检验工作任务的完成效果。
2. 能够选择正确的量具检验产品。
3. 能够判断支撑工艺是否合理。
4. 能够对产品表面质量进行正确地判断和比较。

工业产品金属3D打印（SLM）

建议学时

2学时

学习过程

一、领取量具及检测产品

1. 活扳手测量需要使用哪些量具？

2. 按照评分标准检验活扳手是否合格，填写表4-15。

表4-15 活扳手的评分标准

序号	项目	技术要求	配分	评分标准	自检	互检	教师检验	得分
1	支撑工艺		15	正确的支撑工艺				
2	打印产品		10	能打印完成				
3	结构特征		10	是否保留结构特征				
4	后处理工艺		15	去除支撑完整性				
5	表面质量		15	表面质量的好坏				
6	性能要求		10	产品是否满足性能要求				
7	主观评分		5	产品表面有无缺陷，有一处缺陷扣1分				
8			2.5	产品结构完整性				
9			2.5	产品表面粗糙度，有一处不符合要求扣0.5分				
10	职业素养		1.5	工具、量具是否分区摆放				
11			1.5	工具摆放整齐、规范、不重叠				
12			1.5	量具摆放整齐、规范、不重叠				
13			1.5	防护装备佩戴规范				
14			1.5	工作服、工作帽、工作鞋穿戴规范				
15			1.5	加工后清理现场，现场是否清洁				
16			1.5	现场表现				
17	更换、添加材料		4.5	是否更换、添加材料	是 / 否			
18	计算机操作			有严重违反工艺的则取消考试资格，其他则视情况酌情扣分，扣分不超过25分				
19			总分					

任务四　活扳手的金属打印

3. 交检验人员验收合格后，请填写生产任务单。

二、性能检测

分析不合格产品产生的原因，提出改进意见，填写表4-16。

表4-16　不合格产品产生的原因及改进方法

不合格产品	产生原因	改进方法

三、清理现场

1. 清理现场、归置物品。
2. 本任务所用量具的日常维护与保养分别包括哪些工作？

四、活扳手工作小结

结合活扳手任务的学习及实际操作过程，进行工作总结，并填写在下方空白处。

工匠精神

　　观看《大国工匠》系列视频——第四集 大艺法古，体会传统手工艺人在现代社会中的坚守与创新。

知识拓展

3D打印应用的领域

　　3D打印应用的领域越来越广，从民用的消费产品、文化创意产品到航空航天产品的结构零件。现在中国民用飞机80%发动机的零件使用3D打印来支持研发，GE公司也已经有1/3的飞机发动机零件使用3D打印进行生产，并且已完成了30000个燃油喷嘴的SLM工艺金属3D打印成形和应用验证。未来各种增材制造技术将会得到进一步的快速发展，效率更高、成本更低的增材制造工艺也可能会被不断提出，各种增材制造技术将同台竞技，不断拓展其应用领域。对于传统的机械制造，零件的制造成本随着复杂程度的提升会有指数级的增长，且与制造的批量有关系，批量小于3000件时，成本就会非常高。而零件的复杂程度对增材制造的成本影响很小，增材制造的成本主要取决于制造该零件所需要的时间。因此对于单件小批量生产和具有较高几何复杂性的零件，增材制造具有显著的优势。传统零件的制造因受到零件本身复杂性的限制，往往在设计过程中并未完全实现功能的优化设计，结构上有很多冗余，浪费材料。但增材制造可以通过结构拓扑优化设计，极大地提升零件性能，实现轻量化、高强度。增材制造可以将不同成分和颜色的材料分布在零件所需要的位置上，获得理论最佳设计和功能优化的一体化设计和制造，真正意义上实现控材、控形、控性及控色。

任务五

自行车车轮的金属打印

工作情境描述

新年即将到来,极速自行车公司决定准备一批自行车模型礼品酬谢用户。要求自行车模型满足减少装配、低制造成本以及短期可大批大量生产的特点,为此设计部工程师设计了一款新型自行车模型,经开会讨论决定采用金属3D打印SLM工艺生产这一批新模型。

学习目标

1. 能够阅读生产任务单,归纳、总结并描述清楚自行车车轮金属3D打印的工作任务。
2. 能够总结金属打印的作用。
3. 能够描述出SLM金属3D打印技术的优势。
4. 能够创建零件,导入模型数据,并摆放成合理的成形角度。
5. 能够熟练使用Magics软件对自行车车轮进行切片处理。
6. 能够结合SLM金属3D打印工艺的优势,对自行车模型进行优化设计。
7. 能够灵活操作金属3D打印机进行打印。
8. 能够独立使用金属3D打印机打印一套自行车模型。
9. 能够新编SLM产品后处理的方法。
10. 能够比较、判断支撑工艺的合理性。

素养目标

1. 课后观看《大国工匠》系列视频——第六集 大技贵精,感受工匠们对工作的热爱和对技术的不懈探索。
2. 在完成自行车模型金属3D打印的过程中,提高科学素养、工程意识,培养科学精神、节能环保意识和探索创新精神,积极践行新发展理念。

建议总学时

30学时

工业产品金属3D打印（SLM）

学习活动 1　任务准备

学习目标

1. 能够阅读生产任务单，总结自行车车轮金属3D打印工作任务，说明自行车的构成。
2. 能够总结金属3D打印的作用。
3. 能够熟练操作获取自行车车轮及其他零件的信息。
4. 能够描述SLM金属3D打印技术的优势。
5. 熟练掌握SLM金属3D打印工艺的工作原理。

建议学时

6学时

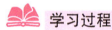

一、领取生产任务单及团队分工

1. 领取生产任务单，并填写表5-1。

表5-1　自行车车轮金属3D打印生产任务单

单号		开单时间		年　　月　　日　　时		
开单部门		开单人		接单人		
以下由开单人填写							
产品名称	自行车车轮	数量	1	完成工时	30h
材料	AlSi10Mg	客户要求		产品满足性能要求	
任务要求	1. 领取材料 2. 根据现场情况选用合适的工具、量具和护具 3. 根据金属3D打印工艺进行打印，并交付进行检验 4. 填写生产任务单，清理工作场地，完成工具、量具及设备的维护与保养					
以下由接单人与确认方填写					
操作者检测		（签名） 年　月　日
班组检测		（签名） 年　月　日
质检员检测	□合格　　□返修　　□报废	（签名） 年　月　日

2. 组建团队及任务分工，填写表 5-2。

表 5-2　团队成员及工作任务

团队名称	团队成员	工作任务

二、获取任务信息

1. 简述你所了解的自行车模型。

2. 简述增材制造中的五种主要切片方式。

三、阅读生产任务单并明确任务内容。

1. 填写接收任务单，明确产品材料、数量及完成时间。
产品名称：_____；产品材料：_____；
产品数量：_____；完成时间：_____。
2. 认识 SLM 工艺的优势及相关技术要求。
（1）查阅资料，简述 SLM 工艺除了适用于制造机械零件，还适用于哪些方面？

（2）查阅资料，简述怎样才能更好地发挥 SLM 工艺的优势，并简述其相关技术要求。

3. 领取自行车车轮模型（图 5-1），通过扫描二维码获取自行车车轮 STL 模型。

自行车车轮
STL 模型

图 5-1　自行车车轮模型

4. 通过团队讨论，简述 SLM 工艺的工作原理，并填写图 5-2 中的空白。

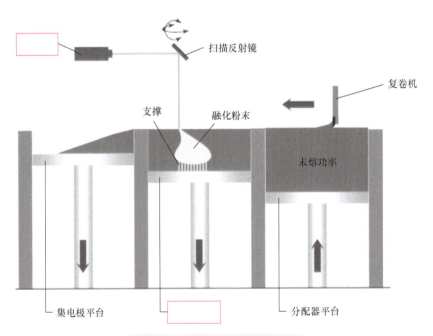

图 5-2　SLM 工艺的工作原理图

任务拓展

根据增材制造的设计理念，设计新型自行车的其余零部件并进行金属 3D 打印。

任务五　自行车车轮的金属打印

学习活动2　自行车车轮数据处理

学习目标

1. 能够熟练操作Magics软件处理数据，添加支撑。
2. 能够创建零件导入模型数据并摆放成合理的成形角度。
3. 能够熟练操作添加自行车车轮支撑。
4. 能够熟练使用Magics软件对自行车车轮进行切片处理。
5. 能够描述计算机辅助设计软件自动判断成形角度的优势。

建议学时

6学时

学习过程

一、数据处理软件应用

1. 使用Magics数据处理软件，对自行车轮添加支撑，在过程中进行截图，并填写表5-3。

自行车车轮生成
支撑的过程

表5-3　自行车车轮添加支撑

操作	图示	步骤内容
1. 导入文件		
2. 检查修复		
3. 创建加工平台		

（续）

操作	图示	步骤内容
4.零件摆放		（选择合理的摆放角度）
5.支撑参数设置		
6.生成支撑		

2.简述对自行车车轮进行切片处理的步骤，在过程中进行截图，并填写表5-4。

自行车车轮切片
处理的过程

表5-4　自行车车轮的切片处理过程

步骤	图示
（1）_____	
（2）_____	
（3）_____	
（4）_____	

任务五 自行车车轮的金属打印

3.简述激光加工的主要工艺参数，写出至少五种。

4.简述增材制造零件五种常见的缺陷类型。

二、数据处理

设计完成后，通过 NX 软件的"从体生成小平面体"功能，将模型格式转换为_____格式的文件。在 Magics 软件中加载_____，此时加载有_____种摆放方案可供选择，应当遵从_____、_____及_____的原则选择合适的方案，也可以参考_____的方案结合实际加工方式再做微调。计算机辅助设计软件自动摆放方向选择，如图 5-3 所示。

图 5-3　计算机辅助设计软件自动摆放方向选择

学习活动 3　自行车车轮金属 3D 打印

 学习目标

1.能够灵活操作金属 3D 打印机进行打印。
2.能够分析金属 3D 打印机的气源及电源。
3.能够独立使用金属 3D 打印机打印一套自行车模型。
4.能够对水冷机进行检查。
5.能够归纳成形室清洁工作的步骤。

工业产品金属3D打印（SLM）

建议学时

10学时

学习过程

一、制订自行车车轮金属3D打印工艺

根据金属打印要求，考虑现场的实际条件，团队成员共同分析、讨论并确定合理的工艺计划，填写手机支架金属3D打印工艺卡，见表5-5。

表5-5 自行车车轮金属3D打印工艺卡

产品名称	自行车车轮	材料	AlSi10Mg	图号		产品数量	
工序序号	工序名称	工序内容					操作者

二、熟悉工作环境

了解3D打印区域与工作区域的范围和限制，理解企业对环境、安全、卫生和事故预防的标准。

1.通过团队讨论，简述在本次打印任务中该如何完成气源的准备工作？

2.查阅资料，简述在本次打印任务中该如何完成电源的准备工作？

三、领取材料、工具、量具及防护装备

1. 领取材料、工具、量具及防护装备,并填写表5-6。

表5-6 领取材料、工具、量具及防护装备表

序号	名称	规格	数量	备注
1				
2				
3				
4				
5				
6				
7				
8				
9				
10				
发放人:		领取人:		年 月 日

2. 简述金属打印基材材料的选择方法。

金属3D打印机的基本操作步骤

四、打印过程

1. 简述开机准备过程,完成以下填空。

(1) _____。
(2) _____。
(3) _____。
(4) _____。
1) _____。
2) _____。
3) _____。
4) _____。
5) _____。
6) _____。

2. 简述开始打印零件前的注意事项。

_____

（1）_____

（2）_____

（3）_____

（4）_____

3. 列举成形室的清洁项目。

自行车车轮金属 3D 打印成形的过程

4. 参照表 5-7 简述自行车车轮金属 3D 打印成形过程。

表 5-7　自行车车轮金属 3D 打印成形过程

步骤	图示
（1）_____ 	
（2）_____ 	
（3）_____ 	
（4）_____ 	

5. 记录打印过程中出现的故障，分析后进行处理，并填写表5-8。

表5-8 自行车车轮金属3D打印过程故障表

序号	层数	原因	解决方案	是否解决问题	备注
1					
2					
3					
4					
5					

五、设备保养及场地清理

打印完毕后，按照车间规定整理现场，清扫洒落的金属粉末，保养机床，并正确处置废粉末等废弃物。按照车间规定填写设备日常保养记录卡（附录A）。

知识拓展

增材制造的优势

1. 零件的复杂度

增材制造可以制造出具有复杂特征的零件和产品，而这些零件和产品很难通过减材制造或其他传统制造工艺来生产。例如，对于传统的铸造零件或压铸零件来说，设计时必须考虑到要能够将零件从模具中取出。随着零件复杂程度的增加，必须使用越来越多的活动型芯，这会增加模具的复杂性和零件的制造成本。甚至当零件复杂到一定程度之后根本无法制造，除非将其分解成许多较小的零件，然后再将这些小零件组装起来才能得到所需的零件。而增材制造可以有效地解决这些问题。

2. 即时装配

增材制造使制造复杂的连锁运动部件成为可能。虽然连锁运动部件中的两个组件可能会永久地连接在一起，但是在3D打印中，它们可以分别作为一个单独的部件，直接制造出并随时可以应用。

3. 大规模定制

因为不再需要较长的前置时间来生产模具，所以增材制造零件可以按需制造。而传统批量式生产所需模具的生产周期通常为几周到几个月。增材制造的这一特点对缩短新产品进入市场的时间具有重大的影响，它还可以使产品模型更新变得更加方便。

工业产品金属3D打印（SLM）

学习活动 4　自行车车轮后处理

 学习目标

1. 能够新编 SLM 工艺产品的后处理的方法。
2. 能够熟练穿戴防护装备。
3. 能够熟练描述风磨笔的使用方法。
4. 能够提升自行车车轮后处理的效果。
5. 能够在加工完成后对场地进行清洁打扫。

 建议学时

6 学时

 学习过程

一、安全防护

佩戴好个人安全防护装备，将防护装备名称填写在表 5-9 中。

表 5-9　防护装备

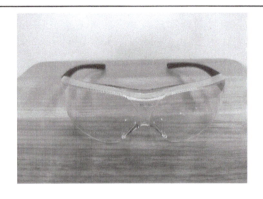

90

（续）

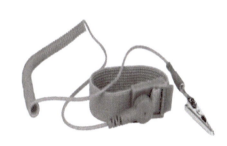

二、领取后处理工具、量具

领取后处理工具、量具，填写表 5-10。

表 5-10　后处理工具、量具

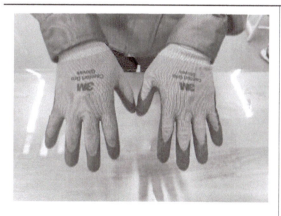

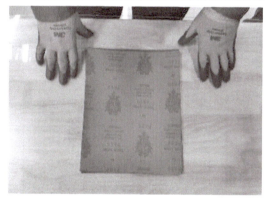

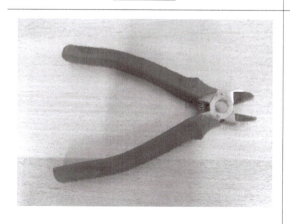

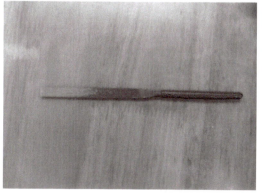

（续）

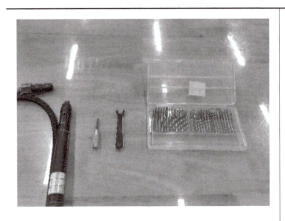

三、后处理过程

得到初步金属 3D 成形的产品后，还要对其进行必要的后处理工序才能得到最终的产品。

1. 你在开始操作前是否穿戴好防护装备？对照安全操作规程的相关要求进行检查，并记录检查结果（表 5-11）。

表 5-11　安全检查表

项目	安全检查内容	学生记录	
安全防护检查	是否按要求穿好工作服，女生需把长发盘起并塞入帽内	□是	□否
	是否按要求穿好劳保鞋	□是	□否
	是否按要求佩戴护目镜	□是	□否
	是否按要求佩戴防尘口罩	□是	□否
	是否把手套、饰品、围巾和领带等物品摘掉了	□是	□否

注：未按要求穿戴劳保用品和安全检查未完成不允许进行加工操作。

任务五　自行车车轮的金属打印

自行车车轮去除支撑及表面处理的过程

2. 掌握自行车车轮去除支撑的操作方法，填写表 5-12。

表 5-12　自行车车轮去除支撑过程

过程说明	图示
去除支撑时要佩戴_____。自行车车轮的支撑是块状支撑和柱状支撑，使用_____去掉支撑	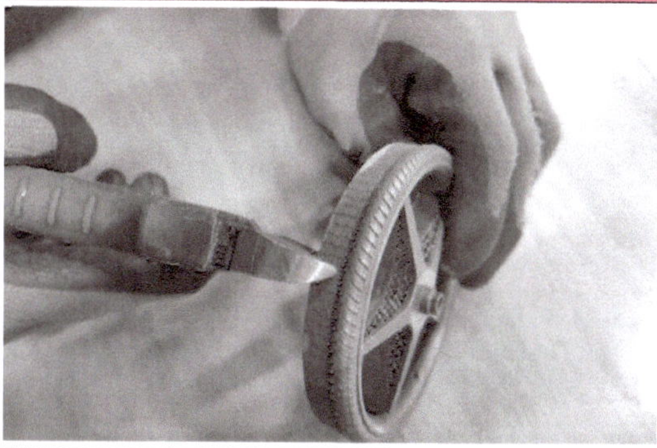
去除完支撑后，零件表面还留有柱状支撑的_____或者块状支撑的_____，使用_____或者_____去除	

3. 掌握自行车车轮表面处理的操作方法，填写表 5-13。

表 5-13　表面处理过程

过程说明	图示
去除支撑的工序完毕后，再进行最后的打磨即可完成自行车车轮的后处理。先使用_____或者_____进行手工打磨，对支撑区域进行修整	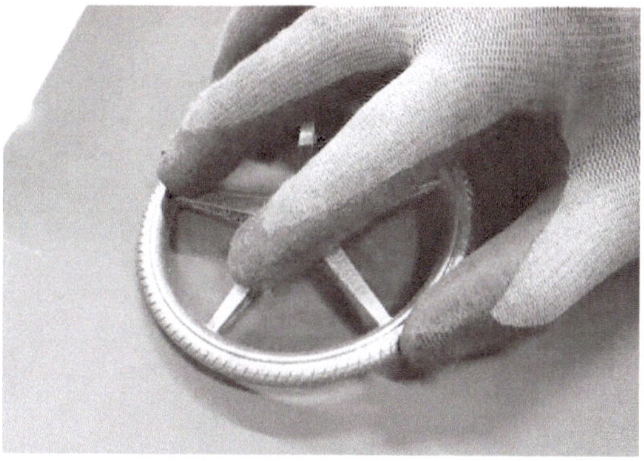

（续）

过程说明	图示
使用打磨头更换成钢丝刷打磨零件表面的_____，对整个自行车车轮进行最后的_____，采用 SLM 金属 3D 打印成形工艺制造的自行车车轮加工完成	
成形效果	

四、设备保养及场地清理

后处理完毕后，按照车间规定整理现场，清扫洒落的金属粉末，并正确处理打印的支撑等废弃物。按照车间规定填写交接班记录（附录 B）。

学习活动 5　任务评价与总结

 学习目标

1. 能够检验工作任务的完成效果。
2. 能够正确客观地进行评价。
3. 能够比较不同支撑工艺的合理性。
4. 能够对产品表面质量进行正确地判断和比较。

 建议学时

2 学时

任务五 自行车车轮的金属打印

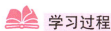
学习过程

一、领取量具及检验产品

1. 自行车车轮测量需要使用哪些量具？

2. 按照评分标准检验自行车车轮是否合格，填写表5-14。

表5-14 自行车车轮的评分标准

序号	项目	技术要求	配分	评分标准	自检	互检	教师检验	得分
1	支撑工艺		15	正确的支撑工艺				
2	打印产品		10	能打印完成				
3	结构特征		10	是否保留结构特征				
4	后处理工艺		15	去除支撑完整性				
5	表面质量		15	表面质量的好坏				
6	性能要求		10	产品是否满足性能要求				
7			5	产品表面有无缺陷，有一处缺陷扣1分				
8	主观评分		2.5	产品结构完整性				
9			2.5	产品表面粗糙度，有一处不符合要求扣0.5分				
10			1.5	工具、量具是否分区摆放				
11			1.5	工具摆放整齐、规范、不重叠				
12			1.5	量具摆放整齐、规范、不重叠				
13	职业素养		1.5	防护装备佩戴规范				
14			1.5	工作服、工作帽、工作鞋穿戴规范				
15			1.5	加工后清理现场是否清洁				
16			1.5	现场表现				
17	更换、添加材料		4.5	是否更换、添加材料	是 / 否			
18	计算机操作			有严重违反工艺的则取消考试资格，其他则视情况酌情扣分 扣分不超过25分				
19			总分					

3. 交检验人员验收合格后，请填写生产任务单。

二、性能检测

分析不合格产品产生的原因，提出改进意见，填写表5-15。

工业产品金属3D打印（SLM）

表 5-15　不合格产品产生的原因及改进方法

不合格产品	产生原因	改进方法

三、清理现场

1. 清理现场、归置物品。
2. 本任务所用量具的日常维护与保养分别包括哪些工作？

四、自行车车轮工作小结

结合自行车车轮任务的学习及实际操作过程，进行工作总结，并填写在下方空白处。

工匠精神

观看《大国工匠》系列视频——第六集 大技贵精，感受工匠们对工作的热爱和对技术的不懈探索。

知识拓展

3D打印用的金属粉末是怎么制造出来的？

金属粉末制备方法按照制备工艺主要可分为还原法、电解法、研磨法和雾化法等。目前国内常用的两种先进制粉工艺是氩气雾化法和等离子旋转电极法。

1. 氩气雾化法

氩气雾化法制粉是利用快速流动的氩气流冲击金属液体，将其破碎为细小颗粒，继而冷凝成为固体粉末的制粉方法。

2. 等离子旋转电极法

等离子态被称为物质的第四态，等离子旋转电极法制粉过程可简单描述为将金属或合金制成自耗电极，自耗电极端部在同轴等离子体电弧加热源的作用下熔化形成液膜，液膜在旋转离心力的作用下被高速甩出形成液滴，液滴与雾化室内惰性气体（氩气或氦气）摩擦，在切应力作用下进一步破碎，随后在表面张力的作用下快速冷却凝固成球形粉末。

采用等离子旋转电极法生产的金属粉末具有以下优点：球形度较高、表面光滑、流动性好及松装密度高，因此铺粉均匀性好，打印产品致密度高；粉末粒径小、粒度分布窄、氧含量低、3D打印时少或无球化及团聚现象、熔化效果好及产品表面质量好，并且打印的一致性与均匀性可以得到充分保障；基本不存在空心粉、卫星粉，3D打印过程中不会存在气隙、卷入性和析出性气孔、裂纹等缺陷。

任务六

金属3D打印机的日常保养

工作情境描述

金属3D打印机是一种高精度的设备,需要定期进行日常保养,以确保其顺利运行并延长使用寿命,提高打印效率和质量。公司 BLT-A300 设备的日常维护与保养由维修部负责,日常工作包括检查滤芯差压值、更换滤芯、清理吸粉方管及清洁水冷机等。

学习目标

1. 能够理解、掌握维护保养的基本原则。
2. 能够识别个人防护装备。
3. 能够理解、掌握所有与安全相关的说明。
4. 能够处理设备运行前的报警标志。
5. 能够熟练检查机床外部情况。
6. 能够检查滤芯差压值。
7. 能够熟练操作更换 F9 滤芯和 H13 滤芯。
8. 能够熟练操作清理吸粉方管。
9. 能够熟练检查清洁水冷机。
10. 能够正确掌握关闭设备的流程。

素养目标

1. 课后观看《大国工匠》系列视频——第八集 大任担当,深切体会责任担当是一种积极进取的人生态度和价值取向。
2. 完成金属3D打印机日常保养的过程中,提高科学素养、工程意识,培养科学精神、节能环保意识和探索创新精神,积极践行新发展理念。

建议总学时

16 学时

学习活动 1 维护与保养的基本原则认知

学习目标

1. 能够区分维护与保养的基本原则。
2. 能够描述个人防护装备的作用。
3. 能够识别个人防护装备。
4. 能够理解、掌握危险、警告和小心的标志。
5. 能够熟读并理解所有与设备安全相关的说明。

建议学时

4 学时

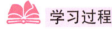

学习过程

一、个人防护装备知识学习

设备操作、故障排除、设备维护以及处理金属粉末时必须穿戴好个人防护装备（表 3-5）。

二、设备维护与保养的基本原则

1. BLT-A300⁺ 设备维护与保养的基础是必须熟悉技术细节，必须阅读并理解所有与安全相关的说明，只有专业的维护与保养才能保证 BLT-A300⁺ 设备长期无故障运行。请完成表 6-1 的填写。

表 6-1 危险、警告和小心的标志

危险	
	禁止未授权人员_____、_____和_____BLT-A300⁺ 设备
	打开 2 轴升降机构、供粉机构或电气系统之前，必须先关闭 BLT-A300⁺ 设备的_____
警告	
	维护保养设备之前，必须仔细阅读并理解设备手册和辅助设备_____ 维护保养设备的过程中，必须严格遵守_____
	进行 BLT-A300⁺ 设备及其辅助设备维护与保养时，必须穿戴_____，禁止佩戴_____

任务六　金属3D打印机的日常保养

（续）

	警告
⚠️	维护保养设备之前，必须确保设备_____、_____和_____等元器件彻底冷却，防止操作人员被_____
原厂备件	BLT-A300⁺设备的所有备件必须为_____，请联系厂家获取原装备件
🚭	金属粉末存放、处理区域及附近禁止_____
🚫	清理不同材料的金属粉末选择不同的_____，禁止_____
⚠️🔧	必须根据要求对BLT-A300⁺设备进行_____后，才能用于零件的成形打印
⚠️💥	在金属粉末存放、处理区域放置_____灭火器（D级，符合EN3或同等级）
⚠️	吸入的金属粉尘会导致长期的肺损伤或对健康有其他不利影响，接触金属粉末时必须佩戴_____
	小心
🧹	必须保持维护保养区域_____

2.查阅资料，简述增材制造中的有害因素——惰性气体的特点及危害。

学习活动2　日常保养及检查

学习目标

1.能够进行设备的日常保养及检查。
2.能够在设备运行前检查是否有报警标志。

3. 能够处理设备运行前的报警标志。

4. 能够熟练检查设备外部流程。

5. 能够检查三色指示灯的运行是否正确。

建议学时

4 学时

学习过程

1. 日常检查对 BLT-A300⁺ 设备的操作十分重要。在 BLT-A300⁺ 设备投入运行前，谨慎执行日常检查，填写表 6-2。

表 6-2　危险和小心标志

	危险
⚠	如果发现影响 BLT-A300⁺ 设备_____或_____的任何损毁或问题，必须立即_____设备。并立即通知能够_____的授权人员。直至问题_____才可以再次运行 BLT-A300⁺ 设备
	小心
⚠	保持 BLT-A300⁺ 设备周边_____，且无发生_____的风险

2. 掌握检查 BLT-A300⁺ 设备外部情况的过程，填写表 6-3。

检查 BLT-A300⁺ 设备的过程

表 6-3　检查 BLT-A300⁺ 设备外部过程

过程说明	图示
1. 检查 BLT-A300⁺ 设备成形室是否保持_____，无残留_____	

任务六 金属3D打印机的日常保养

（续）

过程说明	图示
2. 检查收粉桶是否_____，是否_____粉末	
3. 检查防护镜是否干净无_____	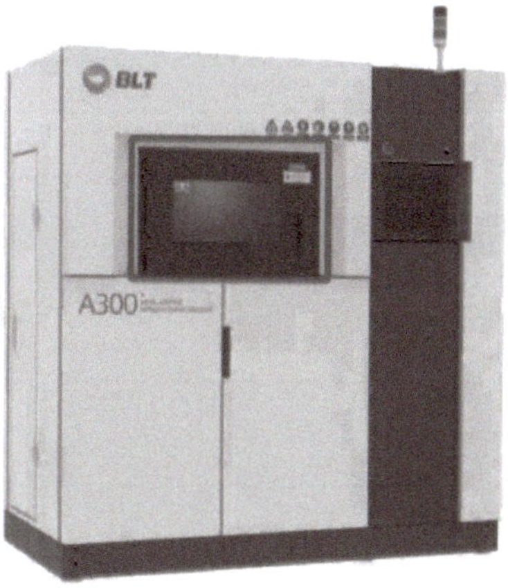
4. 检查电气线缆、线管和连接器是否_____	

（续）

过程说明	图示
5. 检查门锁是否_____	
6. 检查三色指示灯的运行是否_____	
7. 检查急停装置是否正常_____	
8. 检查设备主电源线是否安装_____，有无_____	

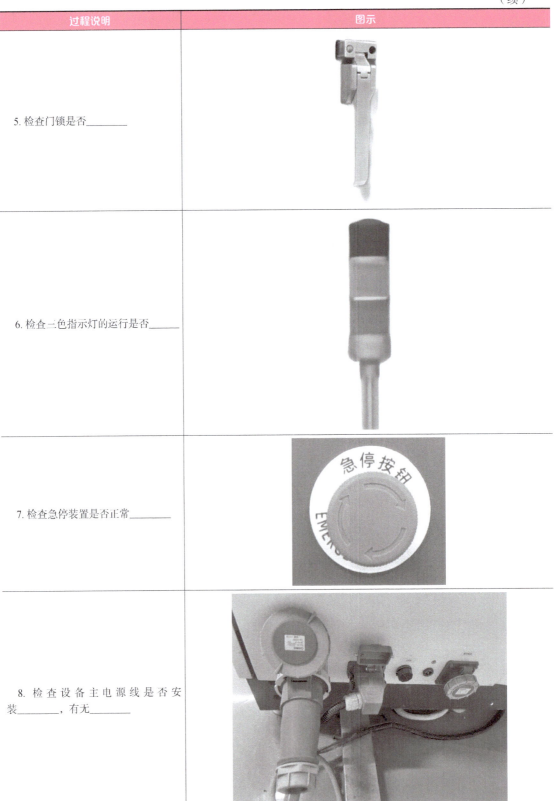

（续）

过程说明	图示
9. 检查水冷机是否有_____现象，运行是否_____	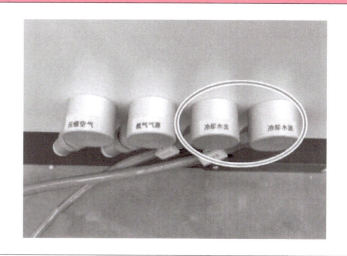
10. 检查旋风分离器是否装满_____，如有必要，_____旋风分离器	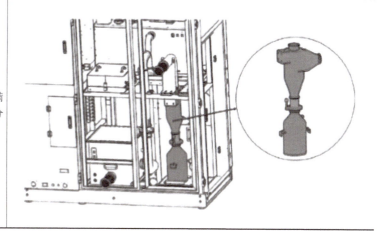

学习活动3　打印开始前的维护检查

 学习目标

1. 能够在使用打印机前进行日常检查。
2. 能够熟练清洁设备外表面。
3. 能够检查滤芯差压值。
4. 能够熟练操作更换F9滤芯和H13滤芯。
5. 能够熟练掌握更换H13滤芯的条件。

 建议学时

4学时

学习过程

1. 用微湿的抹布清洁 BLT-A300⁺ 设备外表面（断电擦拭），确保设备外表面无粉尘堆积。
2. 检查滤芯是否满载，如有必要更换滤芯，请填写表 6-4。

检查滤芯差压值

表 6-4　检查滤芯差压值

当零件打印完成后，尚未打开设备成形室门时，在 MCS 软件中选择_____选项，打开"_____"。	查看监控界面下状态栏下的"中效滤差压值"，当"中效滤差压值"报警时，应对滤芯进行_____。

3. 熟练掌握更换 F9 滤芯和 H13 滤芯的操作过程，填写表 6-5。

（1）H13 滤芯的更换与 F9 滤芯的更换方法相同。

（2）在 MCS 软件中打开"风机"使之生效，查看滤芯差压值，当滤芯差压值报警时需要更换滤芯。一般只需要更换 F9 滤芯。

（3）若更换时发现 H13 滤芯表面黑色颗粒较多，则也需要更换 H13 滤芯。

> **注意**：1. 当需要更换金属粉末时，要将 F9 滤芯和 H13 滤芯全部更换。
> 2. 更换滤芯前，必须将专用滤芯收纳盒和一定量的水或细砂放置在滤芯处理区域。
> 3. 安装循环过滤器的滤芯时注意滤芯牌号的摆放位置，上层为 F9 滤芯，下层为 H13 滤芯。

（4）操作准备。

1）工具物料准备：新 F9 滤芯、旧滤芯收纳盒、清水或食用油、金属专用灭火器。

2）个人防护装备：防护面罩（过滤器类别 P3）、阻燃防护服、防静电手环、防护手套、三防安全鞋。

任务六　金属3D打印机的日常保养

更换 F9 滤芯和 H13 滤芯的操作步骤

表 6-5　更换 F9 滤芯和 H13 滤芯的操作过程

过程说明	图示
1. 确认过滤柜电磁安全锁_____后，拧下过滤柜门下部的_____，解开柜门上部及右侧的_____，打开柜门	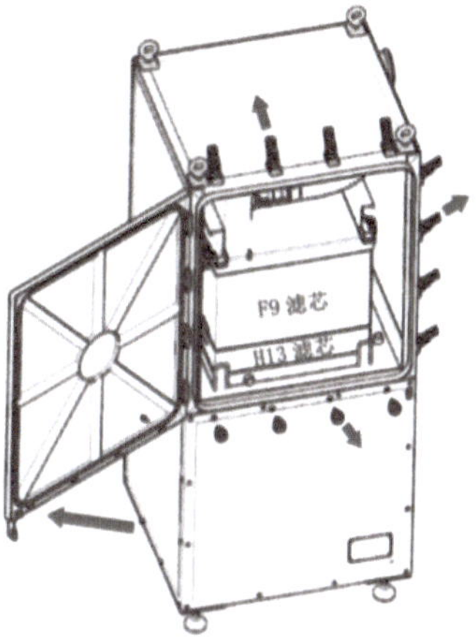
2. 扳开进气罩进气口处的_____接头，拔开滤芯与进气罩及箱体间连接的_____，解开进气罩左右两侧与滤芯连接的_____。先向_____提升进气罩，后将其_____移出	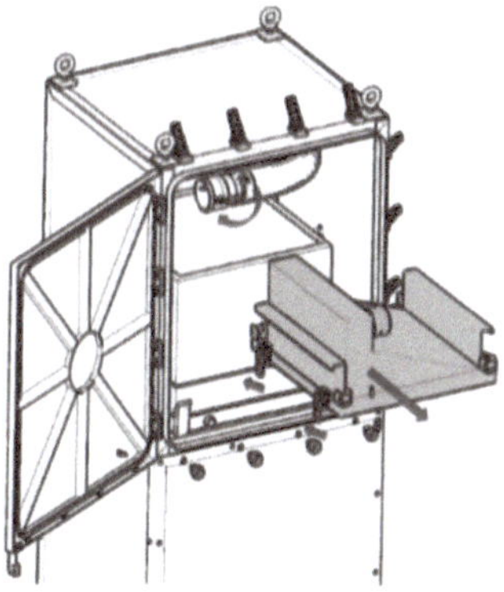
3. 解开滤芯座左右两侧与滤芯连接的两个_____，将 F9 滤芯和 H13 滤芯整体移出。解开 F9 滤芯和 H13 滤芯间的 4 个_____	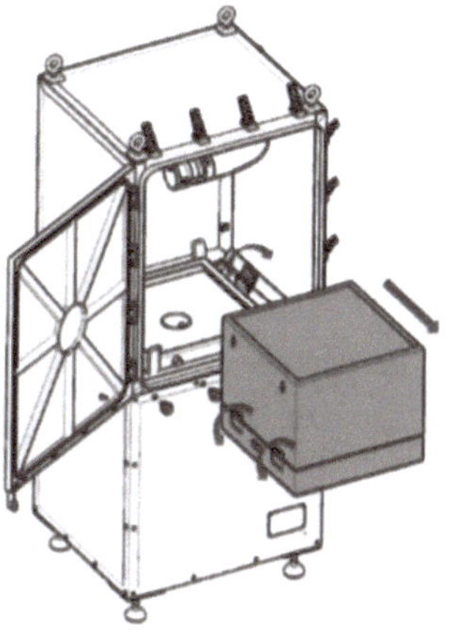

（续）

过程说明	图示
4. 将新的F9滤芯与H13滤芯_____叠放，扣紧4个塑料锁紧搭扣，将两者整体移置于_____上。扣紧滤芯座与滤芯间的塑料锁紧搭扣	与步骤3中示意图过程相反
5. 将进气罩移至滤芯上，并锁紧其与滤芯间的4个_____。检查_____接头的密封圈无误后，将其套入_____进气管，并锁紧_____。插接滤芯与进气罩及箱体间连接的各处_____	与步骤2中示意图过程相反
6. 关闭柜门，扣紧柜门右侧_____锁紧搭扣，安装并拧紧滤柜门下部的旋钮，扣紧柜门右侧4个锁紧搭扣	与步骤1中示意图过程相反
7. 将废弃的滤芯做好相应_____，如日期、型号、材料，并按材料区分放置于_____。最后交由_____统一处理	

4. 为了保证打印产品的质量和操作过程中的安全，需要对设备进行哪些清洁？

5. 对设备进行的清洁一般是指对设备成形室内部因空气流动带入的一些金属粉尘及污渍进行清洁，应该如何进行清洁？

学习活动4　打印完成后的维护检查

 学习目标

1. 能够正确擦拭防护镜。
2. 能够熟练操作清理吸粉方管。
3. 能够熟练检查清洁水冷机。

任务六　金属3D打印机的日常保养

4. 能够正确关闭设备。
5. 能够在打印完成后对3D打印机进行维护检查。

建议学时

4学时

学习过程

产品打印完成后要进行维护和检查。

1. 对成形室进行彻底清理，保证成形室内无残留金属粉末。
2. 擦拭防护镜。擦拭防护镜需要准备无水乙醇、擦镜纸及穿戴好个人防护装备，包括防尘口罩、一次性丁腈手套及三防安全鞋。从无尘包装袋中取出专用_____纸。取纸过程中，只能碰触擦镜纸的_____。在专用擦镜纸滴上_____擦拭防护镜，由_____向_____旋转轻柔擦拭2~3次，同时施加轻微的_____，直到防护镜上无污渍。图6-1为擦拭防护镜的标志及说明。

⚠ 小心
擦拭防护镜时必须佩戴一次性丁腈手套，避免手指直接接触防护镜。

图 6-1　擦拭防护镜的标志及说明

3. 清理吸粉方管内的大颗粒金属粉末需要准备湿式防爆吸尘器、擦拭纸、无水乙醇及穿戴好个人防护装备，包括防护面罩（过滤器类别P3）、防护手套及三防安全鞋。清洁吸粉方管的过程见表6-6，并完成空白处的填写。

表6-6　清理吸粉方管的过程

清理吸粉方管

过程说明	图示
1. 从成形室底板上的_____孔中拔出吸粉方管下部的定位销	
2. 左侧与连接头接口对接处_____	

(续)

过程说明	图示
3. 用_____吸尘器吸除吸粉方管内的金属粉末	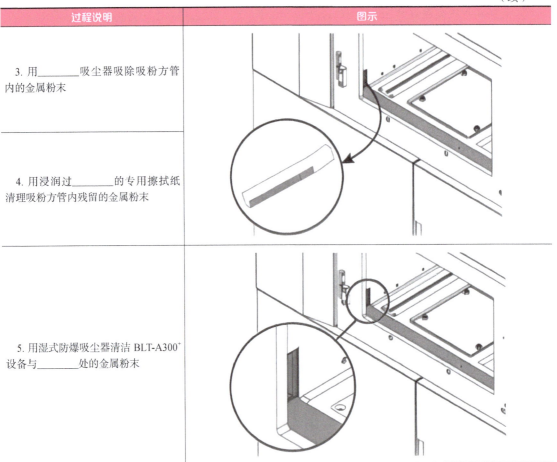
4. 用浸润过_____的专用擦拭纸清理吸粉方管内残留的金属粉末	
5. 用湿式防爆吸尘器清洁 BLT-A300⁺ 设备与_____处的金属粉末	

4. 检查水冷机空气过滤网是否有灰尘，如果灰尘较多需要及时清理。图 6-2 为清洁空气过滤网的标志及说明。

注意每周至少要清洁一次空气过滤网。

⚠ 警告

 用水清理空气过滤网后，必须等待滤网彻底干燥后再进行安装。

 清洁、更换空气过滤网时必须佩戴防护手套。

检查、清洁
水冷机的过程

图 6-2 清洁空气过滤网的标志及说明

空气过滤网位于水冷机正面的通风格栅后，如果空气过滤网被灰尘堵塞，水冷机制冷能力将会降低，耗电量增大，以至报警不能正常工作。

检查、清洁水冷机空气过滤网需要准备清水、新的空气过滤网及穿戴好个人防护装备，包括 3M 防尘口罩、防护手套。检查、清洁水冷机的过程见表 6-7，并完成空白处的填写。

任务六　金属3D打印机的日常保养

表 6-7　检查、清洁水冷机的过程

过程说明	图示
1. 关闭 BLT-A300⁺ 设备，从_____处拆卸下空气过滤网	
2. 检查空气过滤网是否_____，如果呈_____色，必须清洁或更换空气过滤网	
3. 用_____空气或_____的水清理空气过滤网	
4. 等待空气过滤网_____后，将其装回通风格栅处	

5. 如果不用再继续打印下一个产品，请正确关闭 3D 打印设备。图 6-3 为关闭 3D 打印设备的标志及说明。请完成正确关闭 3D 打印设备的过程的填写，见表 6-8。

⚠ 警告

打印任务完成后，等待三十分钟后再关闭设备和辅助设备，防止易氧化金属材料被氧化

图 6-3　关闭 3D 打印设备的标志及说明

正确关闭打印设备的过程

工业产品金属3D打印（SLM）

表 6-8　正确关闭 3D 打印设备的过程

过程说明	图示
1. 等待打印任务结束或在 MCS 软件中手动选择"＿＿＿＿"按钮停止打印任务 注意：当任务中途手动单击"停止"按钮，设备打印完当前层后才会终止任务	
2. 手动关闭＿＿＿＿	
3. 单击 Windows 任务栏选择"开始"→＿＿＿＿计算机	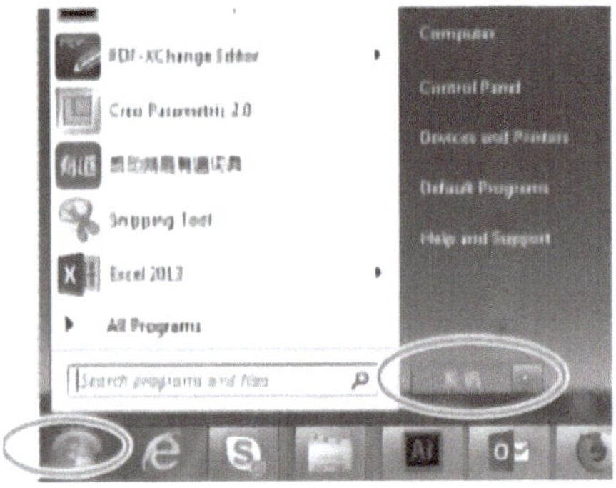
4. 将设备背部面板上的设备主开关旋钮向＿＿＿＿方向旋转 90°，转至"OFF"处，关闭设备	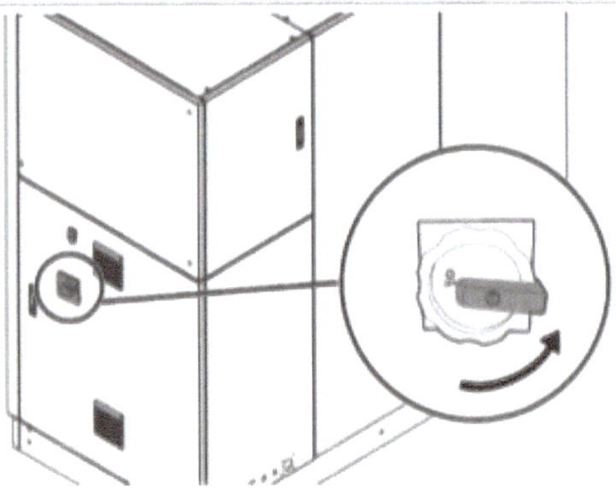
5. 关闭＿＿＿＿开关	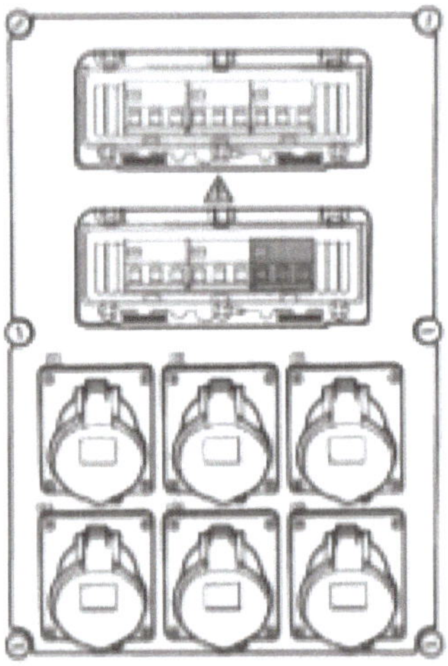

任务六　金属3D打印机的日常保养

（续）

过程说明	图示
6. 断开 BLT-A300⁺ 设备的_____电源线	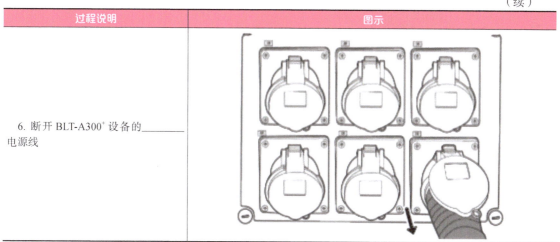

工匠精神

观看《大国工匠》系列视频——第八集 大任担当，深切体会责任担当是一种积极进取的人生态度和价值取向，争做担当民族复兴大任的新时代青年。

课外扩展

检查 BLT-A300⁺ 安全设备的过程，见表6-9。

表6-9　检查 BLT-A300⁺ 安全设备的过程

过程说明	图示
1. 检查设备铭牌和所有安全标志是否完全清晰可辨和安全紧固	（铭牌、一般警告贴纸、危险与禁止标志、售后服务热线示意图）
2. 检查所有螺钉、螺母和管道接头是否紧密	⚠警告 管路有明显漏气时，必须立即暂停工作，排查设备故障。 低精度氧传感器报警时，必须打开门窗通风，并迅速检查氩气进气端是否存在漏气点。

111

工业产品金属3D打印（SLM）

（续）

过程说明	图示
3. 检查并清洁 BLT-A300⁺ 成形室	
4. 检查刮刀是否损坏或磨耗	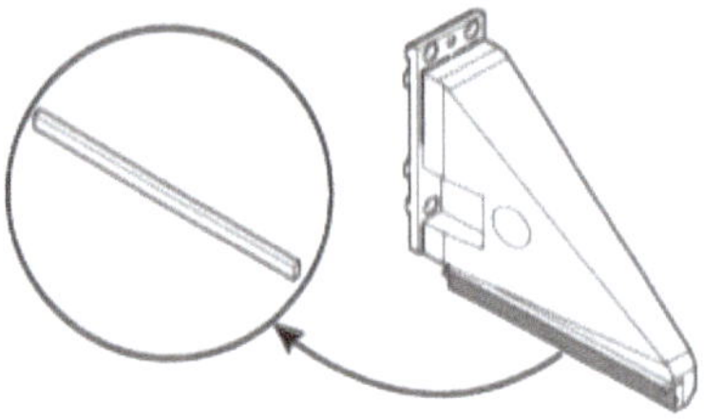
5. 检查压缩空气、工作氩气流量计是否正确	
6. 接通电源，通过提升和降低 Z 轴，测试 Z 轴方向的运行	
7. 接通电源，通过提升和降低供粉平台，测试供粉平台的运行	
8. 查看 F9 滤芯是否满载，如有必要，更换滤芯	
9. 检查并确认电气系统无故障	
10. 检查水冷机空气过滤网是否有灰尘。必要时，清理水冷机空气过滤网中的灰尘	
11. 检查冷却水是否有杂质	

附 录

附录 A 设备日常保养记录卡

设备名称：　　　　　　　　　　　设备编号：　　　　　　　　　　　使用部门：　　　　　　　　　　　保养年月：　　　　　　　　　　　存档编码：

日期	1	2	3	4	5	6	7	8	9	10	11	12	13	14	15	16	17	18	19	20	21	22	23	24	25	26	27	28	29	30	31
环境卫生																															
机身整洁																															
旋风分离器清粉																															
工具整齐																															
电器损坏																															
机械损坏																															
保养人																															
机械异常备注																															

注：保养后，用"√"表示日保，"○"表示周保，"△"表示月保，"□"表示一级保养，"×"表示有损坏或损坏有异常现象，应在"机械异常备注"给予记录。

审核人：　　年　　月　　日

附录 B 交接班记录表

设备名称：　　　　　设备编号：　　　　　使用班组：

项目	交接设备	交接				交接图样	交接成品件	交接半成品件	工艺技术交流
		工具	量具	基材	金属材料粉末				
数量、使用情况（交班人填）									
交班人									
接班人									
日期									

114

参考文献

[1] 吴超群. 增材制造技术 [M]. 北京：机械工业出版社，2020.

[2] 鲁华东，张弩，杨帆. 增材制造技术基础 [M]. 2版. 北京：机械工业出版社，2022.